AI 超入门：
人人都读得懂的人工智能

［日］大西可奈子　著

花　超　译

机械工业出版社
CHINA MACHINE PRESS

这是一本没有数学公式，没有大量深奥的专业术语，无论谁都可以读得懂的人工智能科普图书。它用通俗易懂的语言和简单、易理解的示例及丰富的插图，为读者揭示人工智能（AI）是什么，以及人工智能对各行各业的影响和在各行各业的应用情况。本书分上下两篇。上篇是认识 AI，讲述了 AI 的基础知识，包括 AI 的强项与弱项、AI 的历史、机器学习、深度学习、AI 的学习过程等。下篇是 AI 对各行业的影响，包括客服、烹饪、播音和配音、保育员和教师、小说作家、动画师、医生、农业、秘书、翻译等。

本书适合想对人工智能有初步了解的读者阅读，无论是准备对人工智能进行初步研究的专业人员，还是完全不具备专业背景的青少年，都可以阅读。本书还可以为读者在专业选择和就业去向方面提供有价值的参考信息。

ICHIBAN YASASHII AI<JINKO CHINO> CHONYUUMON by Kanako Oonishi

Copyright © Kanako Oonishi, 2018

All rights reserved.

Original Japanese edition published by Mynavi Publishing Corporation Simplified Chinese translation copyright © 2019 by China Machine Press. This Simplified Chinese edition published by arrangement with Mynavi Publishing Corporation, Tokyo, through HonnoKizuna, Inc., Tokyo, and Eric Yang Agency, Inc.

北京市版权局著作权合同登记 图字：01-2018-5559 号。

图书在版编目（CIP）数据

AI 超入门：人人都读得懂的人工智能／（日）大西可奈子著；花超译. —北京：机械工业出版社，2019.8（2025.3 重印）

ISBN 978-7-111-63370-9

Ⅰ.①A… Ⅱ.①大… ②花… Ⅲ.①人工智能-普及读物 Ⅳ.①TP18-49

中国版本图书馆 CIP 数据核字（2019）第 158926 号

机械工业出版社（北京市百万庄大街 22 号 邮政编码 100037）
策划编辑：母云红 责任编辑：母云红 於 薇
责任校对：梁 倩 责任印制：郜 敏
北京富资园科技发展有限公司印刷

2025 年 3 月第 1 版第 8 次印刷
140mm×203mm·6 印张·107 千字
标准书号：ISBN 978-7-111-63370-9
定价：59.00 元

电话服务 网络服务
客服电话：010-88361066 机 工 官 网：www.cmpbook.com
　　　　　010-88379833 机 工 官 博：weibo.com/cmp1952
　　　　　010-68326294 金 书 网：www.golden-book.com
封底无防伪标均为盗版 机工教育服务网：www.cmpedu.com

前　言

对于"什么是人工智能（AI）"这一问题，我们该如何作答？

日新月异、不断发展的 AI 技术，已经成为人们生活中不可或缺的存在。AI 在日益走近我们的生活，而真正了解它的人却为数不多。AI，并非是无所不能的魔法棒。

为了给希望对 AI 有所了解的读者提供一个入门捷径，笔者撰写了本书。

即使是不具备数学基础知识的读者，也能够通过本书了解 AI 的基本理念。

笔者希望通过数学之外的其他方式，尽可能详细地阐释"AI 究竟是什么"。因此，本书对于即将对该课题开展正式研究的读者也将有所帮助。

衷心希望各位读者能够通过本书加深对 AI 的了解。

大西可奈子

目　录

CONTENTS

CONTENTS

CONTENTS

CONTENTS

上篇

认识AI

01

什么是 AI？

"智能"到底是什么？

最近，诸如"依托 AI 实现……"等被冠以 AI 的宣传标语随处可见。AI 一词，听上去酷感十足，但它究竟是什么呢？上述这些宣传标语中的 AI 又有哪些内涵呢？实际上，对于"AI 到底是什么"这一问题，即使是经常使用 AI 一词的人，多数情况下也无法给出明确的答案。

AI，即人工智能，是 Artificial Intelligence 的英文缩写。多数情况下，该词的解释是："计算机环境下对人类智能的模拟再现及其相关技术。"但是，要给"人类智能"下个定义并非易事。如果说人类智能指的是计算能力，但计算机比人类能够更加准确而迅速地进行计算，那么，拥有如此过人计算能力的个人计算机能否被称为人工智能呢？一般情况下，人们并不认为个人计算机具备人工智能。所谓人工智能，是指在具有计算能力的同时，还具有某种创造性的处理功能。

还有不少人会将 AI 与机器人联想起来，但 AI 并非机器人才拥有的特权。诚然，多数情况下，无人驾驶、机器人等这类"通过计算机实现其自身的智能运转"的技术都被称为 AI，而且在吸尘器、电饭煲等只需一些简单操作的电器中也有可能使用 AI 技术。正因如此，我们才会在各种场合频繁听到 AI 一词。

何为"计算机的自主思维"？

如果有人提出要求，要我们勉为其难地"使用人工智能（AI）做点什么"的话，该做些什么、做到哪种程度才能算是成功使用了人工智能呢？这个问题很难回答。究竟哪些可以被称为人工智能，对此并没有明确的标准答案。如果一定要给出答案，我的回答是："人工智能通过学习，能够做到举一反三。"换个说法，也可以理解为"人工智能可以进行自主思考和判断"。

那么，"通过学习，举一反三"的具体含义是什么？让我们以网络购物中的推荐功能为例，对这一问题进行具体说明。

例如，在购买某款计算机的人群中，多数人同时也购买了某款鼠标，这时推荐功能就会向只购买了同款计算机的人推荐此款鼠标。

让我们再以购买牛奶和面包进行说明。

> 某日，A 在某网站购买了牛奶和菠萝包。第二日，B 在同一个网站只购买了牛奶。这时，计算机会向 B 推荐菠萝包。这种情形是否属于人工智能？

答案是否定的，这并非本书所指的人工智能。因为网站只是把 A 购买牛奶时一并购买的商品介绍给了 B。那么，计算机自主思考和判断指的是什么？我们把 C 加进来再看一下。

假设 A、B、C 在同一网站分别购买了以下商品。A 和 C 在 B 购买牛奶之前，分别购买了以下商品（图 1）。

图 1　应向 B 推荐菠萝包还是豆沙包？

A：牛奶、菠萝包

B：牛奶

C：牛奶、豆沙包

这时，网站会向只购买了牛奶的 B 推荐菠萝包还是豆沙包呢？如果不能将两种面包同时推荐给 B，你会选择推荐哪一种？

当然，网站也可以通过随机方式适当地进行推荐，但若想让顾客购买更多商品，必须尽量向 B 推荐其购买概率更高的面包。菠萝包和豆沙包哪个才是正确的推荐，并没有绝对的答案，但我们需要推测出 B 更有可能做出哪种选择。

计算机可以采取多种方法对这个问题进行判断，例如可以查看购买记录。计算机为了推测 B 可能会购买的商品，就需知 A 和 C 谁购买的商品更符合 B 的喜好。假设 A、B、C 的面包购买记录如下，该购买记录是在上述购买牛奶和面包之前，在同一网站购买商品的记录（图 2）。

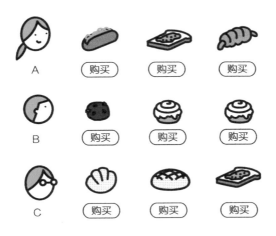

图 2　A、B、C 三人曾购买过的面包

A：炒面面包、果酱面包、香肠面包
B：巧克力碎面包、肉桂面包卷、肉桂面包卷
C：奶油面包、菠萝包、果酱面包

查看三人的购买记录，如果由此可以判断 B 对面包的喜好更接近 A 或是 C，就可以得知应该推荐菠萝包还是豆沙包了。通过购买记录可以判断出，A 的口味偏咸，B 和 C 则更喜爱甜食。由此可以判断，推荐豆沙包为宜。

根据事先存储的信息进行预测

那么，怎样才能让计算机推测出 B 和 C 口味相近呢？当然，方法有许多种，其中之一是在计算机里事先存储好有关"甜面包"和"非甜面包"的信息。

该网站销售的面包共有八种：果酱面包、奶油面包、菠萝包、巧克力碎面包、肉桂面包卷、豆沙包、炒面面包、香肠面包。我们要事先把这八种面包的咸甜口味信息输入计算机，具体内容如图 3 所示。

图 3　事先将有关"甜面包"和"非甜面包"的信息输入计算机

- **甜面包**

  果酱面包、奶油面包、菠萝包、巧克力碎面包、肉桂面包卷、豆沙包

- 非甜面包

  炒面面包、香肠面包

如果计算机事先存储了以上信息，即可由购买记录得知 A 经常购买非甜面包，B 和 C 则只买甜面包，从而可知 B、C 二人的口味接近，由此便可知 B 更可能会购买哪些面包。

上面的例子是否属于 AI 范畴呢？遗憾的是，这还尚不足以称为 AI，因为这一过程没有体现举一反三。这种情况下，计算机不过是根据人类事先存储的信息进行工作而已。换句话说，如果客人购买的面包信息没有事先存储进去，计算机就无法进行判断。

出现未知面包时如何处置？

接下来，让我们再假设一种更为复杂的情况：计算机中事先没有存储肉桂面包卷是否属于甜面包的信息。

A：炒面面包、果酱面包、香肠面包

B：巧克力碎面包、肉桂面包卷（甜？不甜？）

C：奶油面包、菠萝包、果酱面包

如果没有肉桂面包卷是否属于甜面包这一信息，计算机就无法得知 B 是否购买过许多甜面包。如此一来，计算机首先需要对"肉桂面包卷是否属于甜面包"进行判断。而计算机对这一问题进行自主推测，才是名副其实的"举一反三"。

一种常见的推测方法是：计算机会设想"某客户购买的面包一般会具有某些相似之处"。以肉桂面包卷为例，如果购买过许多甜面包的客户购买了此款面包，计算机则推测肉桂面包卷也是甜的；反之，如果购买过许多非甜味面包的客户购买了此款面包，计算机则会推测肉桂面包卷也不甜（图 4）。

图 4　计算机自主推测肉桂面包卷是否为甜面包

让我们再以前例进行说明。假设 S、T、U 曾在该网站购买过肉桂面包卷，还在该网站购买过其他种类的面包（图5）。

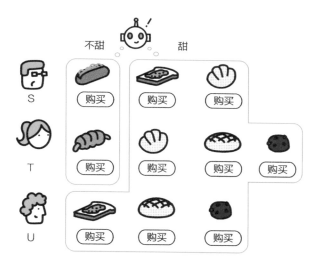

图 5　曾购买过肉桂面包卷的另外三人的面包购买信息

S：炒面面包、果酱面包、奶油面包

T：香肠面包、奶油面包、菠萝包、巧克力碎面包

U：果酱面包、菠萝包、巧克力碎面包

此时，计算机通过事先输入的相关信息，可以得知 S、T、U 三人购买的甜面包更多，于是由此推测："因为曾经大量购买过甜面包的客户购买了肉桂面包卷，所以肉桂面包卷应该也是甜面包"。

因为能够预测出肉桂面包卷是甜面包，所以可以由此推测出 B 爱吃甜食，之后再向其推荐口味接近的、C 购买的豆沙包，便大功告成。也就是说，计算机能够判断出"购买了肉桂面包卷的 B 爱吃甜食，和 C 的口味接近，所以给 B 推荐豆沙包"。至于肉桂面包卷究竟是不是甜面包，B 是不是喜欢吃甜食，计算机并不知道这些问题的正确答案，但它却通过自身存储的信息得出了最接近正解的答案。

根据经常与未知事物（无相关信息）一同出现的已知事物（有相关信息）去推测未知事物的性质，这是一种人工智能经常使用的重要方法。这里我们仅仅举了一个简单的推荐功能作为例子，虽然简单，但这一思维方式经常被运用于 AI 领域，请读者谨记这一点。

关键所在：让客户购买（网站）推荐的面包

这里介绍的 AI 是以推荐商品（面包）为目的。正如每次说明时提到的，方法不一而足，AI 根据不同的目的，创建各种技术，因而千差万别。从表面看，无论先前提到的（向 B 推荐菠萝包）还是接下来要介绍的（向 B 推荐豆沙包），都属于计算机对商品进行推荐的范畴。但是，其内部的工作原理却有极大的不同。计算机会通过这些工作得出更加接近正解的答案。

正如开篇所述，尽管对于人工智尚无明确定义，但所谓人工智能，必须具备处理未知事物的能力。在此次列举的示例中，计算机成功处理了未事先存入的肉桂面包卷信息，而前文介绍的最后一种模式已可被称为人工智能。当然，这并非意味着计算机的操作越复杂越好。要知道，计算机运用的技术是否属于复杂的人工智能并不重要，而能否以更高的精准度达成目的才是关键所在。当计算机向客户推荐面包时，客户能够尽可能地购买它——这才是最重要的。运用 AI 时，应始终把初衷和预期目标放在首位。

02 我们身边的 AI

AI 能够在文字输入时做出预测

如今，我们的身边存在着哪些 AI 技术呢？一提到 AI，往往会给人一种"高科技"的感觉，人们会觉得它与自己的日常生活毫不相干。实际上，AI 就存在于我们身边，并且日益变得不可或缺。

例如，大家使用手机或是个人计算机想要输入一段文字，只需打出前几个字的拼音或句中每个字的拼音的首字母，计算机或手机系统即可推测出你想输入的这段文字了。这种预测从表面看只是一个简单的功能，但其实是计算机在运行中自主思考并做出判断，这就足以被称为 AI 了。

人们对 AI 的印象多停留在一些大型的机器上，因此对于上面的例子或许会产生疑问："仅靠变换一些文字就能称为 AI？"然而，现实生活中的 AI 并非广泛应用于各个领域的大型设备，更多的是为了实现某些特定的功能。除了能够对输入的文字进行预测，还有许多功能：将日文翻译成英文、照相或摄像时的人脸识别、对机器进行语音操作、网购中的推荐功能……不胜枚举（图6）。也许人

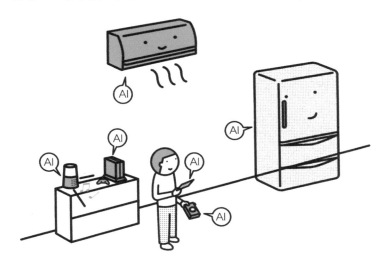

图6　AI 已经普遍存在于我们身边

们并未曾计算过 AI 的数量，但若细数一下就会发现，这些 AI 都是专门用来做某一件事的。举例来说，假设人们在将英文翻译成日文的购物网站上运用了购物推荐功能，那么在此过程中将有若干种 AI 为我们提供服务。

换句话说，能够在翻译英文的同时具备推荐功能的网站，是搭载了功能不同的 AI 组合。

AI 是实现小目标的复合体

由此可知，AI 并非一个大型的整体，而是为实现某些小目标而形成的个体，或者由若干个体组合而成的复合体。因此，一些搭载着某个特定 AI 功能的商品，有时也会被称作 AI。例如，电饭煲在输入气温与天气情况后，能够精准地提示人们加入适当水量。由于这种特定的功能是 AI 的体现，厂商就会进行 AI 电饭煲的宣传。对于电饭煲而言，虽然煮饭功能历来有之，但搭载了 AI 系统后，其整体都会被称为 AI。

一般来说，某产品被冠以"AI"名号的前提是：让计算机完成某些智能处理。然而，如果不对计算机的工作原理加以深究，便无从知晓它能否自主思考问题并进行处理，它有可能只是根据某种简单的规则进行机械化处理。由于目前对 AI 并没有严格定义，所以对于那些即便只是根据简单规则进行机械化处理的产品称之为 AI 也无可厚非。正因为如此，我们才更有必要对那些自称为 AI 产品的实际运行机制加以分析。

AI 的实质是程序

我们身边存在着各式各样的 AI，但究其根本，AI 到底是什么？如果能将其解释为"AI 可以进行自主思考"，也许会让人们觉得这是一个非常新颖的概念。但实际上，AI 只不过是计算机的一个程序。一直以来，计算机在完成某个任务时都是依靠程序驱动的。近来常听人们谈到"AI 失控"，然而 AI 只是一个程序，除了依照程序行事，并不会做什么出格的事情。由于近来 AI 能够实现一些十分灵活的功能，有些功能还会超出人类的想象，于是看上去 AI 似乎要摆脱人类的控制了。

或许还有其他很多种 AI 存在于我们的身边，待我们充分去发掘，并对它们的运作方式加以想象。

这是 AI 吗？

说到这里，读者或许多少能够理解一些相关知识了，但判断一个产品是否属于 AI 并非易事。在此，让我们设想一些具体的产品，并分析它们是否属于 AI。不过需要注意的是，我们在此仅以一般原则对某件产品是否属于 AI 加以判断，至于结论，并没有绝对权威的答案。

- 输入计算方式即可自动计算税金的软件

如果只是根据输入的数值计算税金，则无法称其为 AI。因为无论计算多么复杂，也不过是在固定算式中输入数值进行计算而已。

但倘若在此基础上搭载一些功能，诸如，根据以往的支出为未来的支出提供建议，或者是能够检测出难以发现的输入错误并发出警告等，这些计算机能够自主进行提议、自行发现问题的功能就符合 AI 的特性。

- 通过输入个人爱好或性格特征，匹配兴趣相投的人群

如果只是单纯地将性格、爱好相同的人群进行匹配，

则无法被称为 AI。然而，如果能够对迄今为止已婚人士的性格爱好信息加以利用，并根据这些信息从多角度寻找合适的人选，也符合 AI 的特性。近来，此类服务就存在于我们的日常生活中。AI 不仅能够帮助人们寻找结婚对象，还可以在职场中挑选合适的人才。今后，此类为人们进行各种匹配的 AI 将会得到更加广泛的应用。

- 可以自动关机的空调

"连续工作一定时间即会关机""温度超过 25 摄氏度即会关机"，诸如这种仅仅根据某个简单规则而关掉电源的空调，并不具备 AI 特性。一般而言，人们所期待的"自动关机"应是当人离开房间一段时间后自动切断电源。

如果某款空调可以实现"人离开房间一段时间后自动断电"，即可称其为 AI。因为这需要空调对人是否离开房间进行自主判断。房间的格局千差万别，人的动作各种各样，不可能预先将所有情况都输入程序。程序能否被称为 AI 的要点之一是：能否对未预先设定的情况做出正确反应。

- 可以进行简单对话的机器人

读者或许会觉得所有机器人都是 AI，实际上并非如此，许多机器人并不在此列。例如，有些机器人仅仅能做到听到声音便点头，实际上，这类机器人只需要程序员写入"听到声音即点头"的程序，并不需要机器人进行自主思考。

那么可以进行对话的机器人能否被称为 AI 呢？让我们假设能够对五种发话做出反应且予以应答的对话机器人，并进行如下分析。

发话："你好！"　　　应答："你好！"

发话："你好吗？"　　应答："我很好。"

发话："今天天气真好啊！"应答："是啊！"

发话："我饿了。"　　　应答："吃点饭吧！"

发话："谢谢。"　　　应答："不客气。"

对于"你好吗？"这一发话，机器人自然会回答"我很好"。但是，如果变为"你感觉如何？"会出现何种情况？如果对这一发话没有做出反应，就不能称之为 AI 机器人。AI 需要能够对预先未设定的情况做出灵活反应。也就是说，对既定的五种发话之外的问题，也需具备做出适当应答的能力。

03

AI 的强项与弱项

AI 的强项——分类

目前的 AI 并非万能，其擅长的领域也很有限。就目前来看，AI 擅长从大量的数据中找出其规律或模式，即特别擅长对事物进行分类。日常生活中，诸如将收到的邮件分类成正常邮件或垃圾邮件，便是一种分类。人们日常使用的信箱软件也具有此类功能：可以自动将疑似垃圾邮件分类到相应文件夹中。AI 擅长的分类与此类似，不过它并不局限于区分两类事物。倘若进行三种分类，例如区分照片上的动物是猫、狗还是鸟，AI 也轻而易举。

发挥分类功能的 AI 根据人们预先输入的大量数据构建分类规则（判断标准）。我们以判断是否为垃圾邮件为例。

> **1）首先，需要人工检查大量邮件，并对其是否属于垃圾邮件进行判断。**

将人工检查结果连同回答输入计算机，即告知计算机哪些是垃圾邮件、哪些不是。计算机根据人类输入的信息，围绕对垃圾邮件的判断进行自主学习。

> **2）然后，计算机基于自主建立起来的判断标准，对新收到的邮件进行分类。**

重要的一点是，对于人类没有预先输入信息的邮件，AI 也能够准确地做出推测。当然，这仅仅限于推测，有时也会做出错误判断。总之，计算机能够给出最接近正解的回答。

当然，AI 并非只能进行分类，许多 AI 通过分类实现了某种预期目的。换言之，即通过分类解决问题。对此，我们稍后将加以说明。

AI 的弱项——创造力

现阶段的 AI 不能实现由 0 生 1，也就是说，不能创造新的事物。尽管人类设计了形形色色的 AI，但无论哪一种都不能由一无所有的 0 状态创造新的事物，而必须依靠人类输入数据或是信息，然后计算机会"学习"这些内容（图 7）。

图 7　目前，AI 无法实现由 0 生 1

有些 AI 也能够作画或者进行小说创作，但这也不意味着由 0 生 1，而是在对事先输入的绘画或小说等相关信息进行学习之后，再基于这些信息进行创作。

或许有人会问："AI 进行的绘画或小说写作是否属于创作?"这一问题很难回答，因为人类的创作过程其实也依赖于以往的经验或信息积累。即使作者创作了全新的绘画或小说作品，也必然要基于自身经历或信息积累，这与本文提到的 AI 的创作活动如出一辙。倘若如此，我们便可以认定，如今的 AI 同样在进行着创作活动。或许，人类开发 AI 的过程，正是对人类智慧本身进行探究的过程。

AI 无法断定正解

AI 的另一个弱点是不能自主推导出正解。所谓正解，比如网上同时流传着"A 已婚"和"A 未婚"两条信息。AI 可以判断两种信息存在矛盾，但却无法判断出哪条信息才是正确的。当然，AI 可以通过其他大量数据对哪条信息更接近真实进行推测。但终究只是推测，而不是正解。若要了解真相，只能询问本人，或是咨询相关部门。尽管 AI 擅长分类，但说到底不过是推测而已。到底哪个才是正解，最终只能由人类进行判断。

另外，AI 的优势之一，是能够对人类也不知晓正解的问题进行预测，并做出一些判断。尽管前面提到正解最终只能由人类进行判断，但有些问题人类也并不知道正确答案。不难想象，虽然不知道正确答案，但人类仍想尽可能地根据现有数据对其进行预测。对此，AI 会像往常那般，学习现有数据，然后根据学习结果输出某些回答。虽然 AI 不知道正解，却能做到尽可能地给出最接近正解的回答。

04

AI 的历史

AI 热潮不断来袭

由于最近一段时间 AI 一词被频繁提及，因此人们普遍认为这是一个新概念，但实际上，AI 有着漫长的历史。

近年来，"人工智能热潮"广为人知。但是鲜有人了解，这已是"第三次人工智能热潮"了。或许不少人会感到惊讶，"第一次和第二次发生在什么时候"？其实，第一次和第二次热潮的发生仅在研究领域，尚未普及到一般民众。

为何前两次热潮仅在研究领域呢？

理由很简单，因为那时人工智能还不具备能够应用于日常生活的性能。

可以对话的计算机 "伊莉莎（ELIZA）"

AI 一词最早出现于 1956 年，此时掀起了人工智能的第一次热潮。作为这次热潮的领跑者，最著名的当属"伊莉莎（ELIZA）"。这是一台并非依靠声音，而是通过文本进行对话的计算机。其中最为人所知的，便是伊莉莎担任治疗师角色，与病人进行模拟对话的"医生"功能。对于患者的提问，医生伊莉莎能够自动给予应答。听到这里，人们可能会错误地认为："可以对话的计算机真了不起！"但实际上，这只是运用简单的模式匹配来实现对话功能，与人们期待的功能相去甚远。

像伊莉莎那样，以简单的模式匹配实现对话的人工智能被称为"人工无脑"。不过，人工智能的定义模糊不清，智能与无脑之间没有明确的分界线。因此，后来出现的对伊莉莎稍做改进的对话计算机，也被称为人工智能。

评估对话计算机性能的 "图灵测试"

从第一次热潮至今，对话计算机始终是人工智能领域重要的研究课题之一，现在仍在持续研究。谈到对话计算机，"图灵测试"是不可避免的话题。

图灵测试，是一种测试对话计算机性能的著名方法。方法很简单，在测试者（人类）与被测试者互不相见的情况下，通过一些对话，由测试者来判断被测试者究竟是人工智能还是人类（图8）。对话计算机与人类测试者进行一定时间的对话，如果能够瞒过测试者，即被认定通过了测试。

图8　图灵测试中，人类和人工智能进行对话

测试内容听上去似乎很简单，但在此之前，一直没有人工智能在测试中合格。然而，2014 年，一台计算机首次通过了图灵测试，全世界为之震惊。"能够像人类一样进行对话的计算机终于诞生了！"但是，当今世界上是否存在能像人类那样进行对话的计算机呢？很遗憾，答案是否定的。

实际上，那台通过测试的计算机有一个预先设定——"住在乌克兰的 13 岁少年"。测试过程中，人类测试者容许了偏差的存在，即"被测试者使用非母语的英语进行对话时，措辞用语即使有些奇怪，也是可以理解的"。于是，计算机得以通过了测试。

此外，图灵测试中设定的是能够进行一段时间（例如 5 分钟）的对话即可，因此计算机即使无法实现真正意义上的对话，也有可能通过测试。总的说来，人类的对话行为往往是无意识的，计算机若要实现与人类同等水平的对话交流，尚需时日。

但是，图灵测试却启发了我们对"什么是智能"这一问题加以思考。人类的智慧，尤其是"对话"能力，究竟凭借什么察觉谈话对象的情绪认知？ 是否因为谈话对象是人类，所以才能够体察彼此的情绪认知？倘若我们是通过谈话对象的外表来获取情绪认知的，那么除非计算机的外观有朝一日能够变得与人类完全相同，否则将不可能拥有与人类等同的智慧。

倘若不是通过谈话对象的外表，而是通过谈话内容来获取情绪认知，并且在彼此不见面的前提下，从谈话内容中感受到对方的智慧所在，是否便可认定对方具有智慧呢？图灵测试便体现了这样的思考。

第二次人工智能热潮——"专家系统"

20 世纪 80 年代，随着"专家系统"的出现，第二次人工智能热潮随之到来。所谓"专家系统"，是指专注于某些特定领域的系统，例如"以自然的交谈方式预订酒店的系统""诊断是否患有特定疾病的系统"，等等。

第二次热潮并非旨在创造广泛通用的人工智能，而是为了实现某个具体目标而进行开发。可以说，这一次热潮更具有现实意义。事实证明："专家系统"可以实现诸如"以自然的交谈方式预订酒店"的简单目的。

但是，该系统无法做到像人类那样自主思考并进行推测（图9）。究其原因，大部分"专家系统"是按照"由 X 推及 Y"的规则进行推测，并不能应对规则中没有被事先记载的内容。由于"专家系统"只能应用于非常有限的用途，且无法灵活应对，因此这股热潮未等到市场化生产便退去了。

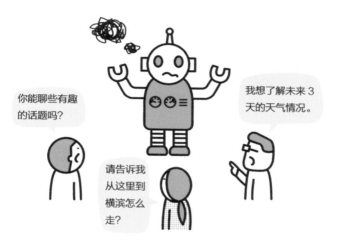

图 9 专家系统无法进行复杂思考

现阶段的 AI

经历过前两次热潮后，研究人员仍然孜孜不倦地进行着相关探索。随着"机器学习"技术的问世，能够为人类生活服务的人工智能出现了爆发式增长。毫无疑问，这也成为当前第三次热潮的契机。机器学习是一种技术，即计算机自主从数据中归纳出模式和规则。随着这一技术的问世，计算机开始能够进行自主思考。第一次 AI 热潮"伊莉莎"和第二次 AI 热潮"专家系统"遗留的课题——灵活应对，伴随着此次热潮的出现得以解决。

机器学习技术尚未出现时，人们将"由 X 推及 Y"的规则事先输入计算机，计算机便按照规则，输入 X 时即回答 Y。倘若输入没有纳入规则的 Z，计算机自然无法做出回应。但如果借助"机器学习"这一技术，尽管事先只输入了"由 X 推及 Y"的信息，但输入未知信息 Z，由于计算机能够进行自主思考，因此也能做出应答。

正是由于这种能够为人类实际生活提供服务的技术的出现，才使得第三次人工智能热潮与前两次有所不同。今天的人工智能热潮已经成为一种社会现象，它不只出现在研究层面，更和世界上每一个人息息相关。其中，几年前开始迅猛发展的"深度学习"技术极大地震撼了众多研究者。

例如，厨师精心准备的菜肴，美味程度竟比不上把不去皮的食材直接扔进搅拌机里做出的菜肴。一直以来，研究者们曾经坚信"精心的准备才是最重要的"，然而现在，这一前提从根本上被推翻了，人们在备感焦虑的同时，也不由得对其抱有巨大的期待。

05
AI 的用途

AI 的本质

目前，多数 AI 都运用了"机器学习"技术。虽然 AI 的定义十分模糊，但机器学习却是实际存在的专有技术名词。因此，"借助 AI 实现××"这种说法很难让人理解其详细内容；但若改为"借助机器学习实现××"，至少能够让我们了解所使用的是机器学习技术。因此，对于熟悉 AI 的人，无须刻意给出"借助 AI 实现××"等强调 AI 的说法，因为人们并未真正了解 AI 到底能做些什么，以及具有哪些与众不同之处。

不过，倘若是一般情况下的 AI 宣传，AI 这一说法倒比机器学习更为贴切。因为当今的大多数 AI 都使用了机器学习技术，所以后文提及的 AI 也将以此作为前提。值得注意的是，也有一些并未使用机器学习的情况，但仍会被称为 AI。

如今，生活中充斥着为达到各种目的而研发的 AI。简单地说，人们可能会认为存在着某种被称为"AI"的事物，其利用自身能力促成了各种功能的实现。实际情况是，"AI"并不特指某种具体事物，其内部结构千差万别。究其真相，AI 即是运用了机器学习或其他技术的程序。

如果 AI 的形式多种多样，那么实现 AI 的方法也千差万别。机器学习也是如此，其方法不胜枚举。而使用何种方法去解决问题，将由人类来决定。但一般认为，几乎所有的机器学习的方法都可以归纳为："计算机自身根据人类输入的数据等信息制订规则，而非由人类对其施予规则。"

一般情况下，用户接触 AI 时并非接触 AI 本身，而是接触了搭载着 AI 技术的某种产品。以 AI 冰箱为例，冰箱的基本功能是用来存放食物防止其腐败变质。仅就存放食

物这一点而言，与 AI 并无关联。但是，倘若冰箱带有
"自动调温"的功能，该功能便可称为 AI。一般来说，
"AI"只是产品的一部分。如果有的产品被称为 AI，我
们就应了解其 AI 功能究竟体现在哪些方面。

为什么进行机器学习？

日常生活中，电子邮箱对垃圾邮件的判断（SPAM 判
断）便属于运用机器学习的例子。许多人会使用"垃圾
邮件自动分类"这一功能，但也有人经历过这种情况：
重要邮件被归类为"垃圾邮件"却没有被及时发现。这
种判断"收到的邮件是否属于垃圾邮件"的技术，多数
情况下运用了机器学习的技术。

为什么机器学习能够应用于邮件分类呢？

让我们设想一下将所有邮件分类交给人工处理，如果
邮件数量仅仅是几份，并非难事；但倘若成千上万份邮件
一同袭来，全部依靠人工分类，耗时巨大，且不现实。而
利用计算机进行分类，其优势便在于它善于处理这种情
况，即能够高速处理大量数据。

此外，人类会由于疲劳而判断迟缓。如果过于劳累，

就会对规则生出懈怠，产生得过且过的心态。但是，计算机不会疲劳，会始终基于一定的判断标准持续工作（图10）。当然，由于计算机进行的是自主判断，因此难免会出现错误，此时只需人工重新确认精准度，并对其适用程度做出判断即可。

图 10　计算机可以不知疲倦地处理海量数据

　　尽管这些还谈不上是机器学习，但也可以看作是计算机的优势之一。也许会有人这样想："既然这样，那计算机无须运用机器学习，只需根据人类制定的规则进行判断不就可以了吗？"这种想法没错，但需要附加条件——人类必须能够制定出完美的规则。

　　让我们设想一下垃圾邮件的分类规则：

- 邮件来自于未保存在通讯录中的地址——垃圾邮件。
- 邮件正文中含有"http：//"字样——垃圾邮件。
- 邮件正文中含有"中选"字样——垃圾邮件。

　　我们脑海中会浮现出各种规则。但是，依靠这些规则真的能准确分类吗？无论人类对规则设置得多么周全，也仍然会出现无法予以准确预判的情况。

　　运用机器学习的最大优点便在于能够解决这个问题。它能够在人类无法处理的纷繁复杂的数据中提取出规则或模式，对其分类，并进行推测；甚至有时还能发现人类无法察觉的、隐藏于数据深处的规则。

　　此外，机器学习的另一个优点是易于进行维护和升级。例如，当出现既有规则无法判断的新型垃圾邮件时，机器学习会增加该邮件的判断规则。而依靠人工制定规则时，多数情况下，规则已经非常复杂和庞大，所以无法准确掌握该在何处追加何种规则。倘若勉强为之，就很容易对既有规则产生不良影响，导致判断失误。

　　另外，机器学习中的规则提取是基于输入的数据自主进行的。因此，在既有数据中增加新型垃圾邮件的信息，只需再次进行同样的学习，便能妥善构建出新的规则（图11）。

图 11　机器学习只需追加数据并进行相同学习，即可构建新规则

06

什么是机器学习

机器学习究竟能做些什么？

所谓机器学习，并非是人类给计算机输入某种规则，而是指 AI 自身从被给予的数据中构建规则的技术。虽说如此，也并非是在一无所有的情况下就能完成此项任务，而是以人类给予的不太完善的规则及数据为基础，对其进行不断地完善和调整。另外，因为在进行机器学习时必须以数据为基础来对规则进行调整，所以需要海量数据。而且，数据必须与课题相适应。并不是说随意收集一些数据，再通过让 AI 学习，便可以创造出放之四海而皆准的 AI。也就是说，数据必须与待解决的课题相适应。

例如，如果想开发出一种 AI，使其能够辨别出照片上拍摄的是橘子还是葡萄，那么就需要收集大量橘子和葡萄的照片，把它们作为 AI 的数据。AI 通过学习，只能具备"推测出照片上拍摄的是橘子还是葡萄"这一功能。如果认为既然可以分辨出橘子和葡萄，那就再来分辨一下苹果——那当然是不可能的。

在机器学习中，计算机以人类给予的不太完善的规则和数据为基础，对其不断进行完善和调整，我们将这一过程称为"学习"。

机器学习的种类及内容

机器学习的形式各种各样，最主要的方式有三种：监督学习、无监督学习和强化学习。让我们通过概况和具体示例分别对其进行说明。

监督学习

概况

监督学习在机器学习中是最主要也是使用频率最高的方法。简而言之，就是"事先给予计算机正解数据，然后使其自动学习规则和模式的方法"。事先给予正解数据即为"监督数据"，计算机从监督数据中学习规则和模式。也就是说，监督学习可以应用于以下情况：具有事先可给予计算机的数据，或是课题能够满足监督数据的生成。对于不能生成监督数据的课题，则无法采用监督学习。

以下两种模式可以生成监督数据。

一种情况是人类能够掌握正解。对垃圾邮件进行判断（SPAM 判断）即为此类。毋庸讳言，垃圾邮件分辨的目的在于让计算机自动对邮件进行判断。因此，监督数据中需要包含垃圾邮件和非垃圾邮件的信息。换句话说，就是需要判定邮件的性质，并生成相应的监督数据（图 12）。

尽管对垃圾邮件的判断并非轻而易举，但是多数人根据邮件内容仍然可以做出判断。既然如此，人们就能够做

到对邮件进行分类并收集相关数据，而这些数据便可作为
计算机的监督数据。

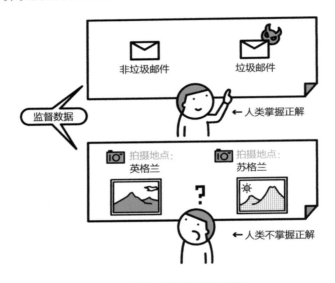

图 12　可以生成监督数据的情形：

人类掌握正解或数据中原本带有答案

另一种情况是，数据中原本带有答案。尽管人类并不
掌握正确答案，但是可以生成监督数据。假设我们把在英
格兰和苏格兰拍摄的照片放在一起。当人类看到这些照片
时，能否对拍摄地点做出准确判断呢？除非拍摄的是著名
的地标性建筑，否则一般情况下无法做出正确判断。然
而，每一张照片一定会有相应的拍摄地，尽管人类并不知
道正确答案，但是这些照片形成的数据之中却包含了正确

答案的信息。因此，我们可以把在英格兰和苏格兰拍摄的照片作为监督数据输入到计算机中。当然，如果不慎丢失了照片拍摄地的相关信息，而且通过人类也无法识别时，就无法生成监督数据。

　　至于监督数据的最小数量，需要根据机器学习的方式和课题加以确定，不过至少也需要万级的数据量。如果开发一个能对垃圾邮件进行分类的 AI，把每一封垃圾邮件和非垃圾邮件都对应为一个数据，则需要数万封邮件。

　　向计算机输入监督数据时，必须使其具备能够分辨垃圾邮件的能力。否则，计算机将无法掌握应该学习什么。监督数据归根到底是要告知计算机正确答案。例如，监督数据可以在垃圾邮件前标上数字 1，反之则标上数字 0（图 13）。

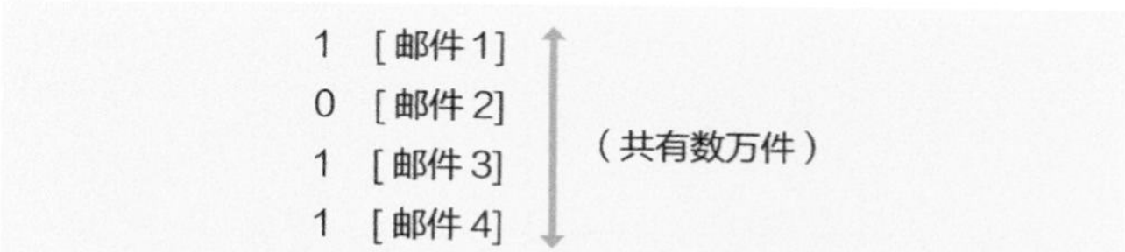

```
1　[邮件 1]  ↑
0　[邮件 2]  │
1　[邮件 3]  │（共有数万件）
1　[邮件 4]  ↓
（以下继续）
```

图 13　监督数据把垃圾邮件前标上数字 1，反之则标上数字 0

　　对监督数据进行学习的计算机会在自己的内部保持一定的规则。当有邮件输入时，计算机会依据这一规则对该邮件进行判断，并输出结果。计算机保持的这种规则会与被给予的监督数据尽可能地保持一致。也就是说，对于已经学习过监督数据的计算机，当我们将该监督数据作为新数据再次给予它时，计算机应该会输出最接近正解的结果。需要注意的是，计算机自动构建规则时所进行的学习过程，并非是为了模仿监督数据，其目的是能够对监督数据中未包含的未知数据进行预测。如果只为对应监督数据里既有的数据，就没有必要特意进行机器学习，只需把全部规则记录下来即可。

多数情况下，我们会把监督学习分成两部分：其一是通过学习监督数据构建规则，其二是利用构建的规则进行推测。在此，我们称前者为学习阶段，称后者为预测阶段（图14）。笔者想再次强调：计算机在学习阶段通过学习

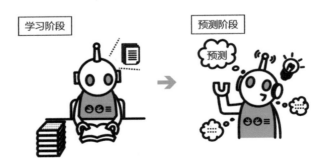

图14　在学习阶段，计算机对监督数据进行学习，并构建规则
　　　在预测阶段，计算机运用构建的规则对新数据进行预测

监督数据构建起规则，在预测阶段则利用构建的规则对新数据进行预测——监督学习正是由这两部分组成的。

具体示例

让我们设想开发一台"输入面包名称后，可以输出饮品名称"的计算机。如果对此难以理解，各位可以试想这样一种机器，当我们向其中输入某款面包名称时，它便会为我们提供（输出）与该款面包相匹配的饮品。也就是说，这台计算机能够为我们选择的面包搭配相应的饮品。

我们研发此类计算机的初衷是，希望其能够输出人们期待的结果。例如，输入豆沙包会对应输出牛奶，输入奶油面包会对应输出咖啡……人们期待计算机能够在面包与饮品的搭配上为我们提供帮助。如果计算机无须回应这种期待，就只需在输入面包名称时随机对应一种饮品即可，那么也就无须运用机器学习了。

图 15 中的组合具体体现了"输入此款面包时希望推荐与其对应的饮品"这一设想。

因为这一设想源于开发者自身的愿望，所以我们可称其为"输入和输出间正解（正确数据）的组合"。换句话说，这些组合意味着开发者至少对于"豆沙包""奶油面

豆沙包→牛奶

奶油面包、 豆沙包→牛奶

奶油面包→咖啡

菠萝包、 香肠面包→咖啡

果酱面包、 豆沙包→牛奶

果酱面包、 菠萝包→咖啡

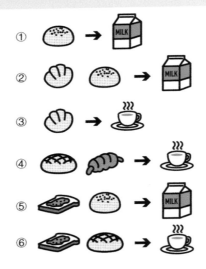

图 15　各类面包和各类饮品的组合数据

包和豆沙包"等六种输入，搭配了如图 16 所示的六种输出结果。当然，仅仅以实现这六种输入和输出为目的，也没有必要进行机器学习。接下来，让我们基于这些正解数据，对相应规则进行记录。

例如，输入"奶油面包"和"豆沙包"时，按照规则会输出"牛奶"，那在输入"香肠面包"和"豆沙包"时，会出现何种情况呢？因为规则中没有这种组合，所以计算机不会给出任何输出结果。这与本书开篇曾提到的"举一反三"恰恰相悖。为了使计算机得到更广泛的利用，当然不能仅限于六种组合，还需做到在输入既定的六种组合之外的面包名称时，也能够进行饮品推荐。

如果是 "豆沙包"，则输出 "牛奶"

如果是 "奶油面包" 和 "豆沙包"，则输出 "牛奶"

如果是 "奶油面包"，则输出 "咖啡"

如果是 "菠萝包" 和 "香肠面包"，则输出 "咖啡"

如果是 "果酱面包" 和 "豆沙包"，则输出 "牛奶"

如果是 "果酱面包" 和 "菠萝包"，则输出 "咖啡"

图 16

机器学习的任务，就在于即使输入的数据没有事先对应的正解，也能够通过模仿尽可能地预测开发者的期待，并将其作为结果予以输出。

机器学习让计算机"输入面包名称即可输出对应饮品"成为现实，我们可以设计出面包和饮料的对应组合，让计算机来学习。在机器学习中，这种正解数据被称为

"监督数据"，利用监督数据进行的机器学习被称为"监督学习"。

监督学习究竟如何进行？让我们来进行具体说明。

在进行监督学习时，首先需要由人类设计计算机学习的"基础"，并将其输入计算机。这个"基础"就是我们所说的"模型"，计算机把通过监督数据所学的内容反映到模型之中。因为最初人类给计算机输入的模型并不能反映出监督数据，所以计算机需要基于监督数据，对人类给予的模型不断进行调整。这一过程对于计算机而言，就是"学习"的过程。计算机完成学习之后所形成的模型能够反映出监督数据。据此，计算机便可以对未知数据进行准确预测。

我们列出了如图 17 所示的一组监督数据（正解数据）的示例，以此深入了解究竟什么是数据。

计算机依据监督数据，对最初设定的模型进行调整（学习），并在监督数据的基础上，在模型中自动制定"输出饮品的规则"。计算机输出的饮品种类来自于其学习前后的监督数据。在此例中，计算机输出了"牛奶"或"咖啡"。无论输入哪个面包品种，计算机都不会输出超出这个范围的饮品。

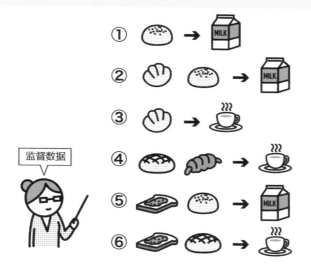

豆沙包→牛奶

奶油面包、 豆沙包→牛奶

奶油面包→咖啡

菠萝包、 香肠面包→咖啡

果酱面包、 豆沙包→牛奶

果酱面包、 菠萝包→咖啡

监督数据

图 17　与面包和饮品组合相关的正解数据（监督数据）

　　重要的一点是，计算机通过机器学习制定的规则具有较强的灵活性。例如，即使输入监督数据中不存在的"香肠面包"和"豆沙包"组合，计算机或许也会输出"牛奶"。这是因为，机器学习制定的并非是输入"奶油面包"和"豆沙包"后会输出某饮品这一固定的规则，而是根据"奶油面包"和"豆沙包"等输入词语的特征（具体到此例即为不同种类的面包），从中归纳规则。

让我们具体举例说明计算机学习的过程。我们输入六个监督数据，了解计算机如何进行学习。

首先，我们向计算机输入表1，并把该表作为模型。在该表中，行表示输入的面包品种，列表示输出的饮品名称。

计算机需要学习的是牛奶、咖啡与匹配面包间的关联程度。关联程度是指，当输入面包时，从两种饮品中输出其中一种的概率。

表中，我们在相应空白处以 • 表示关联程度。计算机结合监督数据，对照模型填入 • ，以此调整饮品和面包间的关联程度。例如，如果香肠面包和牛奶间存在较强的关联程度，那么香肠面包一行和牛奶一列交叉的空格中会被填入很多 • 。

计算机按照顺序依次学习监督数据。首先是"豆沙包→牛奶"。计算机从这条信息中学习到豆沙包和牛奶间的联系。在面包和饮品产生关联时，计算机针对输入的面包品种，在与之存在关联的饮品位置输入 • （表2）。也就是说，计算机以表为模型，通过学习来分配表中的 • （归纳规则）。

接下来是"奶油面包、豆沙包→牛奶"。与上述过程相同，在豆沙包和奶油面包分别与牛奶交叉的空格处填入 •（表3）。

然后是"奶油面包→咖啡"。但如果以相同规则填入 • ，会出现这种情况：奶油面包和牛奶、奶油面包和咖啡的交叉格处的 • 数量相同，这时即使输入"奶油面包"，计算机也无法输出咖啡。因此，为了避免和监督数据冲突，必须消除奶油面包和牛奶之间的联系。如此一来，输入"奶油面包"，计算机就会自动输出咖啡（表4）。

表 1 机器学习的基础（模型）。 每种面包与牛奶和咖啡的
"关联程序"，在表内相应处填入"•"表示

	牛奶	咖啡
豆沙包		
奶油面包		
菠萝包		
香肠面包		
果酱面包		

表2　计算机对"豆沙包和牛奶有关联"进行了学习

	牛奶	咖啡
豆沙包	●	

表3　在"豆沙包""奶油面包"中分别与"牛奶"交叉处标记"●"

	牛奶	咖啡
豆沙包	●●	
奶油面包	●	

表4　如果消除"奶油面包"和"牛奶"的关联程度（减少●），
则会输出"咖啡"

	牛奶	咖啡
豆沙包	●●	
奶油面包	○	●

　　因为监督数据记录了多种输入和输出的组合，所以会出现某部分的学习成果和其他部分的学习成果相矛盾的情况。这种情况下，计算机需要尽可能在保证两种学习结果

的前提下进行调整。机器学习正是在这种反复细微调整的
情况下进行的。

接下来是"菠萝包、香肠面包→咖啡"（表5）。

然后是"果酱面包、豆沙包→牛奶"（表6）。

表5 学习"菠萝包、香肠面包→咖啡"

	牛奶	咖啡
豆沙包	● ●	
奶油面包		●
菠萝包		●
香肠面包		●

表6 学习"果酱面包、豆沙包→牛奶"

	牛奶	咖啡
豆沙包	● ● ●	
奶油面包		●
菠萝包		●
香肠面包		●
果酱面包	●	

最后是"果酱面包、菠萝包→咖啡"。

计算机会根据不同种类的面包（输入的数据特征）一边调整数值，一边学习，并基于监督数据从中归纳规则。监督学习即依次学习监督数据，并对规则进行细微调整的学习方法。通过对监督数据粗略地进行学习后形成的模型见表7。

表7　对监督数据进行粗略学习后形成的模型

	牛奶	咖啡
豆沙包	●●●	
奶油面包		●
菠萝包		●●
香肠面包		●
果酱面包	●	●

就是说，计算机形成的不是单纯的规则，而是模型，利用模型，即使我们输入的是监督数据中没有的数据，计算机也会通过比较找出 ● 较多的选项，输出更适当的饮品名称。例如，输入"豆沙包"和"菠萝包"，牛奶的 ● 数量为3，而咖啡的 ● 数量为2，则计算机会输出牛奶。计算机内如果没有相关记录，单纯依靠规则判断时不会输出答案。但如果建立模型，计算机的"回答"就变为

可能。

　　或许有人认为，通过人工输入灵活的规则也可以实现上述目标。的确，上述示例中面包的品种很少，输出的饮品名称也仅有两种。对于这种简单的计算，依靠人工考虑规则并非难事。但假设面包有1万种之多，饮品也有500余种，此时人工恐怕就无能为力了。机器学习的优势在于，可以从大量数据中归纳适当的规则。尽管计算机对于监督数据中没有的内容做出应答后，还需要人工进行最后确认，但计算机会忠实于监督数据，尽可能地输出接近正解的答案。

　　这一切听起来似乎非常简单，也许有人会对这种方法抱有疑惑。既然如此，就让我们进一步进行分析。

　　在这个示例中，机器学习的结果是让计算机输出"牛奶"或"咖啡"。实际上，在大多数情况下，计算机输出的是"牛奶"和"咖啡"的概率。也就是当输入"豆沙包"时，计算机输出的不是"牛奶"或"咖啡"，而是两种饮品的概率。"牛奶"的概率为80%，"咖啡"的概率是20%。要让计算机输出准确的饮品类别，就必须创建与大量监督数据相适应且具有灵活性的模型，这并非易事。但如果输出的是概率，那么计算机就可以对模型进行细微的调整。

　　计算机的学习方法也是如此，计算机会为了符合监督数据而进行规则调整（增加或减少● 数量）。实际上，在更多情况下，计算机运用当前的模型（即中途停止学习状态的模型），对比即将要"学习"的监督数据的输出结果和实际上被输入的监督数据的正解之间的差异，对规则进行细微调整（图 18）。当输入学习内容（监督数据）时，计算机会先把现有模型进行预测的结果和监督数据中的正解进行比对，当两者差异不大时，计算机便不会大幅度修改现有的模型，如果两者之间存在巨大差异，计算机就会对模型进行大幅度调整（变更规则）。

另外，让计算机学习监督数据时，既有仅学习一次的情况，又有学习多次的情况。经过多次学习的模型会比仅学习一次的模型让人感觉更加精确。在监督数据有限的情况下，应尽量让计算机进行多次学习。

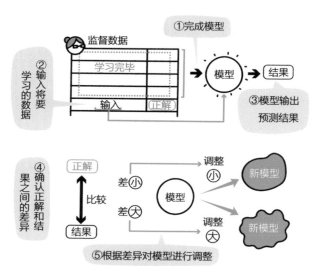

图 18　根据现有模型预测的结果与监督数据（正解数据）
间的差异大小对模型进行调整

另外，监督数据越多，计算机形成的模型就越有效。在监督学习中，"如何制订监督数据"以及"准备的监督数据量的多少"，是决定模型有效性的重要因素。

无监督学习

概况

无监督学习，顾名思义，即无须给出监督数据进行机器学习的方法。根据不同目的，可以选择利用监督学习或者无监督学习。由于两种学习方式适用的学习目的不同，因此我们有必要对两者之间的差异加以了解。

在监督学习中，当输入一种面包名称后，会对应输出一种饮品的名称。但需要注意的是，计算机是基于事先准备好的"监督数据（与面包或者面包组合对应的饮品数据）"，来输出饮品名称，并在此过程中进行学习。另外，输出的饮品名称一定是数据中记录的"牛奶"或"咖啡"。

让我们换个视角对此课题重新加以考虑。

我们可以这样认为，"输入某面包名称，就会输出某种特定饮品名称"就是把"面包（或者面包组合）"向"牛奶"一组或"咖啡"一组进行分类。比如"豆沙包"被分类至"牛奶"组，"奶油面包和豆沙包"被分类至"咖啡"组（图19）。

豆沙包→牛奶组

奶油面包、 豆沙包→牛奶组

奶油面包→咖啡组

菠萝包、 香肠面包→咖啡组

果酱面包、 豆沙包→牛奶组

果酱面包、 菠萝包→咖啡组

图 19　输入面包名称即输出饮品名称等同于
将面包按照饮品组进行分类

也就是说，监督学习相当于解决"分类"的课题。这一视角转变在充分利用 AI 方面很重要，它使得我们把"需要解决的课题"转变为"依靠机器学习可以解决的课题"，且能够产生显著效果。

另外，无监督学习，即指不提供正解数据的学习方法。在机器学习方面，使用不知道正解或是没有正解的数据时，即是无监督学习。总的来说，这是一种可以对数据潜在的规律性加以归纳的学习方法。

人们看到"无监督学习"这一说法，通常会产生诸如"没有正解数据，却能够找出规律，真了不起""这是监督学习的高级兼容吗？"等感觉。实际上它们各有所长，并无孰优孰劣之分。此外，虽然被称为"无监督"，但实际上只是没有明确的正解，或者也可以将其看作提供的所有数据都具有与监督数据相似的性质。

使用没有提供明确正解的数据时，一个常见的问题是：将数据集群化。这就是所谓的"把数据分割为若干个小团体"。我们将数据集群化称为聚类（clustering），将根据分类对象集合而成的集合体称为集群（cluster）。

无监督学习作为一种学习方法，在进行聚类时会发挥积极作用。当然需要注意，发挥作用并不意味着"无监督学习 = 聚类"。

分类和聚类这两个词极易混淆。我们需要明确待解决的问题究竟属于哪一类，并根据需要分别使用监督学习或无监督学习。我们分别制成了简单的汇总表格（表8、表9）。此外，分类和聚类都属于简单处理，无论是分成甜面包和非甜面包，还是分成集群1和集群2，都是二分类；至于数字，只要满足2个或以上即可，什么数字都无妨。

关键在于，聚类得到的集群1和集群2中汇集的数据具有何种特征，需要人类根据其内容进行类推。因为虽然无监督学习能够将数据进行聚类，但却无法告诉我们该集群依据何种特征而形成。在此例中，集群 1 是甜面包，集群 2 是非甜面包，一目了然。不过有些时候，通过使用的数据或得到的集群数，并不能立刻判断出集群形成的缘由。

表 8　分类（监督学习）

目的	希望创立模型，对甜面包和非甜面包进行分类（希望学习规则）
用于学习的数据	甜面包：果酱面包、奶油面包、菠萝包、巧克力碎面包、豆沙包、肉桂面包卷 非甜面包：炒面面包、香肠面包 甜面包： 非甜面包：
通过学习获取的内容	对甜面包或非甜面包进行分类的模型
模型	根据通过学习创建的模型，在输入未知数据（未知的面包名称）时，即可推测出：该面包属于甜面包或非甜面包

另外一个需要注意的问题是：使用聚类的方式不同，其结果也会发生变化。表 9 中，聚类结果是根据面包的口味而得知的，但如果换个方式，也有可能得出另外一种集群（图 20）。

集群 1 和集群 2 分别依据何种特征而聚集呢？馅料全部包裹于面包之中的是集群 1，没有完全包裹于面包之中的是集群 2。

表 9 聚类（无监督学习）

目的	希望将面包分为两个集群
用于学习的数据	菠萝包、豆沙包、炒面面包、香肠面包、奶油面包、巧克力碎面包、果酱面包、肉桂面包卷
通过学习获取的内容	通过数据生成两个集群具体如下所示
模型	集群 1：果酱面包、奶油面包、菠萝包、巧克力碎面包、豆沙包、肉桂面包卷 集群 2：炒面面包、香肠面包

图 20 被建立的两个集群，它们依据何种特征建立

如上所述，在使用无监督学习的聚类中，聚类方法以及获取的集群数量由于使用的数据不同，得出的结果也不同。而且，集群究竟以何种特征聚集到一起，需要人类对其进行类推。根据聚类得出的结果与期待结果相差较大

时，需重新检查集群数量和聚类方法，必要时也可对数据本身进行检查，并进行反复试验。

具体示例

为了更进一步了解无监督学习，笔者将选取非常简单的示例结合分类法进行具体说明，即把具有相似性的对象聚集到一起的聚类法，也称作"聚集式聚类"或"自下而上型聚类"。

让我们实践一下聚集式聚类。本次准备了以下五句话作为学习数据（聚类数据）。

- 吃菠萝包和果酱面包。
- 请买回来菠萝包、果酱面包和香肠面包。
- 香肠面包和奶油面包好吃。
- 棒球和足球都喜欢。
- 踢足球很开心。

这些数据被称为"学习数据"或"监督数据"。虽然称谓不同，但它们与监督学习中的"监督数据"相同，都是人类事先存储到计算机中的数据。

　　下面我们开始进行聚类。首先将这些句子全部视为不同的集群。可以设想，"仅由第一句构成的集群""仅由第二句构成的集群"……以此类推，共有五个集群（图21）。

图21　上述所有句子可认定为各自不同的集群

　　接下来，只需将与之最相似的集群对象按照顺序进行组合（合并）即可。但我们依据什么才能做出"最相似"的判断呢？

　　对此，根据数据可以得出多种定义。例如，如果以数值作为数据，那么可将"集群包含的两个数值相差最小者"定义为最相似。我们需要根据学习数据适当给出

"最相似"的定义，这一点至关重要。

让我们将"各句中包含的名词一致的数量"看作是"相似度"，把相似度最高（包含相同名词数量最多）定义为"最相似"。句子 1 ~ 5 中分别含有表 10 中带有"○"标记的名词。

表 10　将句子 1 ~ 5 中包含的名词标记为"○"

句子	菠萝包	果酱面包	香肠面包	奶油面包	棒球	足球
1	○	○				
2	○	○	○			
3			○	○		
4					○	○
5						○

先来看句子 1。

首先，算出句子 1 对应句子 2 ~ 5 的相似度。因为相似度意指"各句中含有相同名词的数量"，因此可以算出句子 1 和句子 2 的相似度是"2"，和句子 3 的相似度是"0"，和句子 4 的相似度是"0"，和句子 5 的相似度是"0"（表 11）。

表 11 句子 1 对应句子 2~5 的相似度

句子	和句子 1 的相似度
2	2
3	0
4	0
5	0

接下来看句子 2，同样计算出相似度。句子 2 和句子 3 的相似度是 "1"，和句子 4 的相似度是 "0"，和句子 5 的相似度是 "0"（表 12）。

表 12 句子 2 与句子 3~5 的相似度

句子	和句子 2 的相似度
3	1
4	0
5	0

接下来的几句，都可按照相同要领算出所有组合的相似度。这样就能得出：最相似的集群是相似度为 "2" 的句子 1 集群和句子 2 集群。

将这两个集群合并，于是便形成了 4 组："句子 1 和句子 2 集群""句子 3 集群""句子 4 集群""句子 5 集群"（图 22）。接下来，再继续查找更加相似的集群。

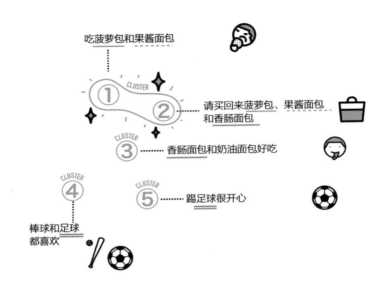

图 22　将最相似的句子 1 集群和句子 2 集群进行融合

　　这里会产生一个疑问，因为最初每个集群都只包含一个句子，通过查找各句中相同名词数量最多的句子，就能够找到最相似的集群。但是，现在存在含有若干句子（句子 1 和句子 2）的集群。在含有若干句子的集群和只含有一个句子的集群之间，如何才能选出更为相似的集群呢？

　　解决这个问题的方法有许多，这里我们将介绍两种非常简单的方法。无论用哪个方法，它们在最初阶段的操作都是相同的。

　　因为想了解由句子 1 和句子 2 构成的集群和句子 3 构

成的集群之间的相似度，所以先分别比较句子 1 和句子
3、句子 2 和句子 3。句子 1 和句子 3 没有一致的名词，其
相似度为 "0"，句子 2 和句子 3 有一个一致的名词，其
相似度为 "1"，见表 13。

表 13　句子 1、句子 2 与句子 3 的相似度

句子	和句子 3 的相似度
1	0
2	1

如果把句子 1 和句子 2 构成的集群与句子 3 构成的集
群之间的相似度看作是句子 1 和句子 3 的相似度，那么其
相似度为 "0"；如果将其看作是句子 2 和句子 3 的相似
度，那么其相似度为 "1"。

此时，第一种方法是最佳结果，即句子 1·2 构成的
集群与句子 3 构成的群组之间的相似度是 "1"。这种方
法被称为 "单连结法"。

相反，第二种方法是最差结果，这被称为 "完全连结
法"。

接下来，让我们使用 "单连结法" 进行聚类。包含
句子 1·2 的集群和句子 3 之间的相似度，根据单连结法
得以确定是 "1"。同理，句子 4 和句子 5 的相似度也是

"1"，其他的组合相似度是"0"。由此，集群可总结为如图 23 所示。

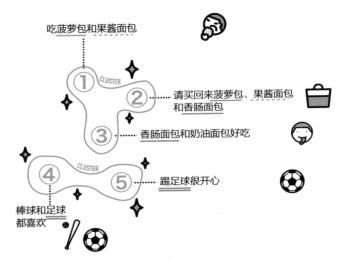

图 23　使用单连结法进行聚类的结果

最后是句子 1 · 2 · 3 构成的集群和句子 4 · 5 构成的集群之间的比较。对包含若干个句子的集群之间进行比较时，也会采用单连结和完全连结等方法。

继续使用单连结法进行聚类时，相似度为"0"。虽然相似度为"0"，但因为没有其他比较对象，这两个集群最为相似，因此被合并从而结束聚类（图 24）。

吃菠萝包和果酱面包

CLUSTER

①

②
请买回来菠萝包、果酱面包
和香肠面包

③
香肠面包和奶油面包好吃

④

⑤
踢足球很开心

棒球和足球
都喜欢

图 24　尽管相似度为"0"，但因为已无其他比较对象，

因此将两个集群合并，从而结束聚类

　　如上所述，由于聚集型聚类最终会全部集中到一起，所以需要在适当的时候予以中止，这就要求我们事先给计算机输入"需要 0 个集群"的信息。

　　在采用无监督学习的聚类中，集群分类（分组）行为本身就相当于"学习"。尽管看上去其操作过程不像是在学习，但其在思考如何进行聚类的同时实施操作——这一点正符合学习的特质。

　　除上述介绍的聚集式聚类之外，聚类还包括多种其他方式。进行聚类时，基本目标在于"将数据分成集群"。

如果聚类得出的结果和预期不符，则可以尝试改变集群数量，或者采用其他聚类方式。

此外，即使采用同一种聚类方法，由于需要对"通过何种途径判断最为相似""如何对集群进行比较"等规则加以设定，因此其结果也不尽相同。无监督学习绝不等同于"只要将数据输入，就一定能做好聚类"。运用机器学习的情况也是同样，必须结合目标反复进行试验。

强化学习

概况

强化学习，简而言之即："对某种状态下的各种行动进行评价，并借此主动学习更好的行动方式。"尤其在近几年颇受关注的围棋、象棋比赛中，强化学习在控制机器人行动方面发挥了较高的性能。与监督学习或无监督学习相比，强化学习或许是一种稍显复杂的方法。

与监督学习不同，强化学习不会给出明确的答案（监督数据），但是人类会给予其行动的选项，以及判断该行动是否合理的基准。计算机在这一范围内反复进行试验。因此，类似围棋和象棋这样具有固定规则，且人类能给出相关评价标准的对象，是比较适合的，倘若无法给予固定规则，计算机则无法给出解决方案。

具体示例

强化学习是指对"在某种状态下该如何采取下一步行动"的内在规则不断进行反复试验并最终得出结论的方法。试探性地做出某种行动后，通过观察其结果的好坏对"在某种状态下该如何进行下一步行动"的内在规则加以改善。这和人类积累经验的方式有相似之处。

"接下来该做什么"的内在规则，以"接下来实施各种行动的概率"的形式加以表现。让我们假设一个问题："接下来应该走哪一边。"如果设定规则为"走右边的概率是 30%，走左边的概率是 70%"，则计算机选择左边的可能性更大。然而，当计算机选择了左边，但结果并不理想时，它便会做出"所掌握的规则效果不佳"的判断，从而降低走左边的概率，提高走右边的概率。

计算机反复进行类似试验，为了最终能更多地采取最有可能获取良好效果的行动，就需要对自身行动的概率进行调整。这就是"强化学习"中的"学习"。需要注意的是：这里并非对"走左边还是右边"做出决定，而是对"走左边的概率和走右边的概率"做出决定，如图 25 所示。

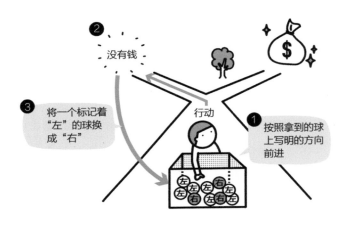

图 25　根据结果调整行动的概率

那么，计算机是如何发现"最有可能获取良好效果的行动（有价值的行动）"的呢？

我们认为，在某种状态下通过采取某种行动，即会转向下一个状态。而下一个状态又通过实施某种行动，进入到再下一个状态……如此循环往复。例如，在花光零用钱时，如果帮忙完成一项困难的工作，得到 500 元零用钱，就会变得非常宽裕；如果帮忙完成一项简单的工作，得到 100 元零用钱，就会变得稍稍宽裕一些（表14）。

如果想要变得更加宽裕，这两种行动中，哪一个是更好的选择呢？

表 14　完成困难的工作会变得相当宽裕，
反之则只能变得稍稍宽裕一些

状态	行动	报酬	下一个状态
没有钱	完成困难的工作	500 元	相当宽裕的状态
没有钱	完成轻松的工作	100 元	稍稍宽裕的状态

当然，能够达到"非常宽裕"的"困难的工作"是较佳选择，能够接近目标的行动也被认为是具有较高价值的行动。

按照"通过实施某种行动引发下一个较好状态即可"这一思维方式，上述比较已经足够充分了。不过，现实生活中更常见的情况是：或许下一状态并非是最佳选择，但人们更期待最终能够实现一个较好的状态。

在此以简单示例进行说明。假设一项工作与跑腿的难度系数相对应，可以得到 10～1000 元不等的零花钱，根据已持有零花钱的余额，"宽裕程度"会发生变化。另外，假设跑腿工作路线固定（图26）。在这种情况下，如果限制只能选择一种路线，在 A、B、C 三种路线中，选择哪一种路线能达到最宽裕的状态（持有零用钱最多的状态）呢？

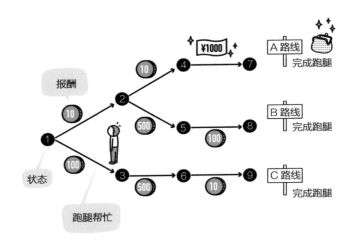

图 26　根据跑腿的困难程度可得到不同报酬

　　如果当下急需用钱，则即刻能得到 100 元的路线 C 是最佳选项。但是长远来看，A 路线能获得累计 1020 元，是获得零用钱最多的路线。强化学习的重点在于这种"积累报酬"的思维方式——不局限于眼前的蝇头小利，而是着眼于长远目标，为实现利益最大化而不断进行学习（更易选择最佳行动）。

　　上述示例简单且便于理解，但现实中的问题要复杂得多。需要进行思考的"状态"不胜枚举，与这些状态相对应的行动更是多种多样。

　　此外，从一个状态到下一个状态的过程中产生的连锁反应将持续很长时间。

强化学习不仅是单纯的积累报酬，同时还具有"折算累计回报"的思维模式，即认为未来的可得报酬会有所减少。

在上述示例中，如果单纯计算累计回报，路线 A 可得 1020 元，路线 B 可得 610 元，路线 C 可得 610 元。如果采用折算累计回报思维，则认为后来获得的报酬价值将有所减少。

例如选择路线 A 时，最初获得的 10 元价值即为票面价值，但下一次获得的 10 元价值将会降低为 9 元（原价值的 90%）；以此类推，最后累计获得的 1000 元仅价值 810 元（相对于原 90% 的价值再次减至 90%），如图 27 所示。当然，后来获得的报酬价值在原报酬中所占的比例需要人为事先设定。

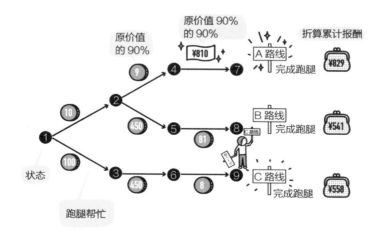

图 27　采用折算累计回报法对各路线的报酬进行计算

让我们采用折算累计回报法对各路线的报酬重新进行计算，可以发现，路线 A 的折算累计回报为 829 元，路线 B 为 541 元，路线 C 为 558 元。这样一来，原本在单纯积累报酬情况下结果相同的路线 B 和路线 C，通过折算累计回报法得出的结论是：路线 C 更有价值。

对于"处于状态 1 时，接下来应如何采取行动"这一问题，可以稍微转换为"如果进行到下一状态，能获得多少折算累计回报"，这样一来就能够得出答案。为了有助于人们今后对强化学习进一步进行探讨，这一点还可以解读为"遵循某种行动概率（接下来的哪种行动会以何种概率出现）时，从某种状态开始，可获取的折算累计回报的期待数值"。

如上所述，我们选取了简单示例，即通过帮忙跑腿（行动）来获得零花钱（报酬），由此宽裕程度（状态）发生变化，试图说明"通过行动获取报酬的唯一性，且报酬决定状态"。

但是实际上，通过行动获得固定报酬的情况极为少见。因此，通常需要对报酬进行合理的设定。例如，在象棋中某一状态下的"兵"移动一步，或是"象"斜向移动一步，对于类似行动必须确定报酬，但实际上很难对其做出绝对唯一的决定。

借用象棋的思维,如果依靠最终胜负决定自始至终每一步行动的优劣,我们便可将胜败视为报酬(胜利时获取报酬,失败时没有报酬)。由此进行逆推,即可对应所有行动确定其应获得的报酬。

辨别 AI 性能优劣的方法

如何辨别 AI 性能的优劣?答案并不是唯一的。研发 AI 的目的不同,判断其"优劣"的标准也会不同。本书仅限于对采用了机器学习方法的 AI 进行探讨,在此我们将围绕 AI 在机器学习,特别是监督学习方面的性能优劣进行说明。

虽然研发 AI 的目的各不相同,但毋庸置疑,AI 达成目标的概率越高,则性能越佳。例如,某款 AI 电饭煲具有"输入气温、天气、心情等数据后,可显示出煮饭时最适合水量"的性能,当我们想对这一性能进行评判时,从此款 AI 电饭煲研发制造的目的来看,当使用者输入气温等数据后,用 AI 电饭煲计算出的水量煮饭,那么使用者对煮好的米饭评价越高(好吃),则越能说明该项 AI 技术具有良好性能。

但是，这种性能测试方法与机器学习的精准度有所不同。这是因为，使用者自身的偏好会对"好吃"与否的判断产生极大影响。此外，倘若使用者处于饥饿状态，会较容易做出"好吃"的判断。商品出于宣传目的，在介绍里写出"90％的人吃了都说好"的语句无可厚非，但作为机器学习的结果，在性能评价中出现这种说法是有欠妥当的。

关于 AI 电饭煲，作为客观性事实介绍其性能时，推荐采用监督学习的评价方法。这种方法利用部分监督数据对性能进行测试。为了开发搭载于 AI 电饭煲的"输入气温、天气情况、心情数据后，可显示煮饭时最适合水量"这一性能，引入机器学习方法，则属于监督学习，应该给予 AI 大量的监督数据。开发这一性能所需的监督数据见表 15。

表 15　在开发"输入气温、天气情况、心情等数据，可显示煮饭时最适合水量"这一性能时所需的监督数据

气温	天气情况	心情	水量
23.0℃	晴	一般	195mL
22.5℃	多云	快乐	207mL
24.2℃	多云间晴	一般	202mL
21.8℃	暴雨	失落	190mL
……	……	……	……

在这份数据中，气温 23.0℃、天气晴、心情一般时，煮饭的最适宜水量为 195mL。由于是监督数据，所以它首先必须通过人工测量得出。制作监督数据时，可以将米饭是否好吃作为标准，对水量进行判断。

此外，如果拥有一定程度的信息量，或可做出所有的计算模式——本来多数情况下需要通过测量一周的气温、天气情况、心情去推算水量，内容繁杂，这次为了简单进行说明，假设输入当天的气温、天气情况、心情后，会显示出水量。同时，我们将米量固定为一合○类似这些大量的数据便是监督数据。

总而言之，就是研发一个能够在输入气温、天气情况、心情后，显示（计算）出煮饭所需水量的 AI。电饭煲理想的输出水量在 190～210mL，因此有 190mL、191mL、192mL、……208mL、209mL、210mL 等 21 种输出模式。以此为前提，可以将问题转换为气温、天气情况、心情三个要素与 21 种水量模式中的其中一种相结合。

监督数据是由开发者认为正确的数据集合而成的，因此能够将输入输出的正确率保持到某一种程度上，即是监

○　一合约 0.18 千克——译者注。

督学习下 AI 性能的具体体现。倘若仅仅能够正确输出人类给予计算机的监督数据则毫无意义。本书开篇曾提到过非常重要的一点——AI "能够做到举一反三"，对于人类没有事先输入的数据，计算机必须也能够做出高概率的正确回答。在此，我们事先从监督数据中提取出了部分数据，在计算机结束学习后，检查计算机对这部分数据做出正确回答的概率。取出一部分监督数据，刻意让计算机自行学习。 在学习结束后，检查计算机做出数据的准确率如何（图 28）。这就是对于监督学习中 AI 性能的评价方法。接下来我们将详细介绍这一方法。

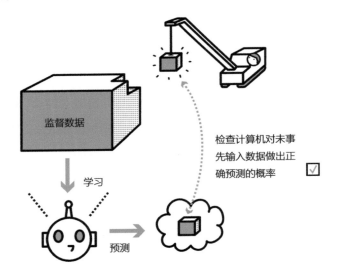

图 28 事先从监督数据中提取部分数据， 对学习后的计算机进行检查，
确认其对这部分未事先输入数据做出正确预测的概率

监督学习中的性能评价

在监督学习中，计算机学习的"基础"由人类进行设计，这个基础也被称为"模型"。计算机从监督数据中学到的内容将直接体现在模型中，而"模型"的优劣才是真正决定监督学习中 AI 性能优劣的关键。也就是说，采用监督学习的 AI 性能，可以根据该模型的性能加以测试。

在监督学习下测试模型性能的理由大致有两个。

理由一，为了选择模型。监督学习最初需要人类设计模型做基础。模型的基础多种多样，学习监督数据时，哪个基础更为适合，在开始学习之前，人们无从知晓。因此，对于同样的监督数据，我们首先需要在不同的基础上进行机器学习，并对已经完成的模型性能进行比较，由此选择出与监督数据最为适合的模型。

理由二，为了对模型进行评价。 从若干模型中最终选择出一个模型后，对未知数据，需要测试出该模型的适用范围（即能否发挥其性能），并据此对已选模型进行评价。而对于该模型的评价即为所谓的 AI 性能评价。

我们可以假设在此基础上制作两种模型，并对其性能进行测试，然后选出其中较好的一个。无论如何，为了测试模型的性能，需要对从监督数据之外的"独立数据"的预测结果进行确认。因为不能使用学习过的数据对其性能进行测试，所谓的"独立数据"，指的是未经学习的数据。另外，为了测试数据性能，不仅需要输入数据，还需要给出与输入数据相应的正确答案，因为我们需要确认模型测试在多大程度上能够给出正确答案。为测试模型性能准备数据时，最简单的方法是从监督数据中事先提取出部分数据。

首先，为测试模型性能，从监督数据中事先提取出"确认用数据"。这些确认用数据不能用于学习，只能用于测试模型性能。虽然这样做会导致学习用数据有所减少，但也没什么更好的办法了。

在此，通过两种模型基础分别学习监督数据（事先排除确认用数据），生成"模型 1"和"模型 2"，并将其作为待测试性能的模型。测试性能的目的在于了解哪种模型性能更佳；换言之，是为了选择出最佳模型。

让我们对"模型 1"和"模型 2"的性能加以测试并进行比较。在"模型 1"和"模型 2"中分别输入确认用数据，然后输出结果（图 29）。当然，这只是模型预测出的数据结果，因为确认用数据原本是监督数据的一部分，因此拥有"输入数据"和"正确答案"。

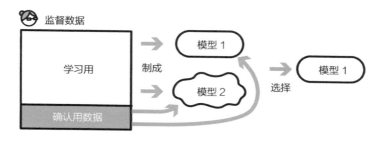

图 29　利用确认用数据计算各模型的精确度，
选择其中性能较佳的一个

也就是说，如果将正确答案和之前各模型输出的结果加以比较，就能确认模型输出的结果是否正确。此时，输出结果与正确答案的契合程度即代表了该模型的精确度。

作为比较结果，如果模型 1 的精确度更高，则判断其性能相对较好，从而最终选择模型 1。

由此得以从制作的两种模型中选出最佳模型。那么，该模型的适用性又如何呢？

为确认已选模型的适用性，就需要未知数据。未知数据是指监督数据之外的，且未在模型选择过程中使用过的数据。前文提到，在模型选择过程中，需要预先留出确认用数据，而其余数据都可以应用于学习。这样一来，最终便无法测试已选模型的性能。因此，制作若干模型，并对其进行选择，进而对所选模型进行评价时，不仅要从监督数据中事先留取确认用数据，还需要事先将"测试用数据"（即未知数据）也留取出来。

　　测试用数据不仅不应包含在供学习用的监督数据中，也不能应用于模型的选择。总之，这些数据只能在最终确认模型的性能时才可使用。我们可以预留出测试用数据，在排除确认用数据和测试用数据之后，让模型利用监督数据进行学习，并按照前文所述的步骤选择出一种模型，对于最终使用确认用数据选出的模型（即模型1），可以输入测试用数据得出评价结果，并将其与正确答案相比较后算出精确度，由此再对该模型进行评价（图30）。在这里，我们对模型性能进行了两次测试，采用的数据不同，而测试方法本身是一致的。但需要注意的是，对模型性能进行测试的原因各不相同。

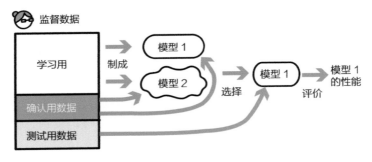

图 30　利用测试用数据计算所选模型的精确度，并对模型进行评价

　　综上所述，我们制作了两个模型，测试其性能后选出了性能较好的模型。再设想一下，倘若只制作了一个模型，如果想对该模型进行评价，那么只需预先提取测试用数据，采用前文所述的相同办法进行评价即可，并不需要

提取确认用数据。

论述至此，读者或许会产生疑问："制作若干模型，使其完成机器学习后，通过对精确度进行比较，选出性能更佳的模型，这很容易理解。但是，既然在进行比较时已经能够算出模型的精确度了，为何之后还要再次对该模型的性能进行评价呢？"关于这一点，我们再做一些说明。

尝试制作若干模型，进行机器学习后，对其精确度加以比较，这样做是为了选择模型。测定某种模型的适用性着眼的目标是模型评价，两者的目的不同。而且，如果不结合其目的进行性能测试，就不能算是进行了适当的性能检查。

接下来让我们结合具体情况，对进行性能测试的必要性加以总结。

当人们希望对模型加以商品化时，多数情况下会提出"请运用数据制作若干模型，并从中做出最佳选择"。在这种情况下，在选择模型后，无须再次进行性能测试。只需进行一次性能测试，并依据结果选出最佳模型即可。因为此时的目的在于选择模型，而没有对后续评价提出要求。

还有一种情况是提出如下要求："请运用数据制作出若干模型，从中选择最佳模型，并请告知该模型的性能。"

这就要求我们严谨且精确地对性能进行确认。这种性能确认对于研究领域的确有付诸实施的必要，但倘若只是以实现商品化为目的，则极少需要确认到此种程度。这种情况下，在选出模型后，需要再次对其进行性能测试和评价。之所以如此，是因为我们有意识地挑选了测试性能最佳的模型，而测试性能并不能代表模型本身的性能（即处理未知数据时的性能）。

测试已选模型的精确度时，要求所使用的数据不能包含在机器学习中；但对于若干模型，则可以采用相同数据对其精确度加以计算，并从中选出精确度最佳的模型。因此，简单地把已选模型的精确度看作是该模型的性能是错误的。

第三种情况是提出如下要求："请运用数据，根据这个设定制定模型，并告知该模型的性能。"

尽管类似要求并不常见，但在制作最佳模型的过程中有可能出现这种情况。此时，需要运用特定数据，进行特定设置，最终只需制作一种模型。因为无须对模型进行选择，所以最终只需对模型进行一次评价。

至此，想必读者已经了解了事先从监督数据中留取测试用数据，以及关于选择和评价模型的方法。但是，这种方法在监督数据不足时便不能付诸实施。因为测试用数据不能包含在监督数据之中，倘若监督数据不足，一旦留取出确认用数据和测试用数据，就很可能导致用于学习的监督数据欠缺。

当监督数据欠缺时，可以采用的方法之一是"交叉检查"。交叉检查是一种无须提取确认用数据和测试用数据，而对模型性能进行评价的方法。

进行交叉检查时，在开始学习之前要对监督数据进行分割。方便起见，我们按照 4 组分割进行说明，但现实情况中多进行 5 组或者 10 组分割。在此，我们将分割成 4 组的监督数据分别命名为数据 A、数据 B、数据 C、数据 D，如图 31 所示。

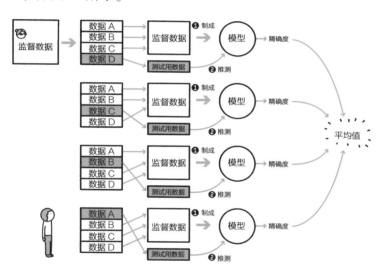

图 31　交叉检查法：无须提取确认用数据和测试用数据，
即可对模型性能进行评价

在交叉检查中，从分割的数据中挑选一组作为测试用数据，其余作为监督数据进行学习。接下来，利用预留的测试用数据对已完成的模型进行性能测试。然后，重复上述操作。

让我们对此进一步加以说明。最初将数据 A、B、C 作为监督数据进行学习，此时的重点是，监督数据中不包含数据 D。通过数据 A、B、C 构建模型后，输入数据 D 并得出结果，即利用数据 D 对由数据 A、B、C 构建的模型进行测试。将该预测结果和数据 D 附带的正确答案进行比较，以此测试该模型的性能。通过这种方式我们可知，对于以数据 A、B、C 为监督数据构建起的模型，数据 D 作为测试用数据进行该模型精确度的测试。假设输入数据后，输出信息的 80% 为正确答案。

接下来，将数据 A、B、D 作为监督数据进行机器学习（这次监督数据中不包含数据 C）。然后重复前述流程，利用数据 C 对数据 A、B、D 构筑的模型进行测试，计算其精确度。

如此这般对所有数据进行组合。也就是说，最初分割的数据越多，工作量就越大。按照 4 组分割，进行所有组合并完成学习任务后，可以得出 4 个精确度（表 16）。

表 16　4 组分割交叉检查

监督数据	测试用数据	精确度
A、B、C	D	80%
A、B、D	C	70%
A、C、D	B	80%
B、C、D	A	90%

　　通过交叉检查，计算出所有精确度的均值，并将其作为该模型的精确度。以表16为例，计算出4组数据的精确度，最终测试出其性能精确度为80%。也就是说，最终使用的模型学习了所有监督数据——数据A、B、C、D。因为最终要形成使用过所有监督数据的模型，因此通过交叉检查，可以模拟计算出该模型的精确度。

机器学习的优化使用

　　至此，我们对监督学习、无监督学习和强化学习三种类型的机器学习进行了说明。尽管我们对三种类型的方法进行了概括说明，但其实监督学习、无监督学习和强化学习的方法有许多。实际操作中需要结合目标，选择与其相符的方法，这听上去似乎并不容易，但实际上并不难做出判断。因为总的来说，机器学习能够做到的事情（能够解决的问题）其实都非常简单。

　　那么，我们应在何时、出于何种目的去使用监督学习、无监督学习和强化学习呢？请看表17。

表 17　监督学习、无监督学习和强化学习的比较

分类	具备能力	适用场合（具体示例）
监督学习	希望对数据进行分类时	希望第一时间判别新进网评的内容优劣
无监督学习	希望对数据进行若干分割时	希望将大量网评按优劣进行分组内容
强化学习	希望在某种状态下决定行动规则时	希望研发一个能够与客户产生良好互动的机器人

　　虽然表 17 中所列的方法还可应用于其他途径，在此，让我们暂且对表中的内容加以分析和理解。

　　监督学习：优势在于"分类"。进行分类操作时，监督学习最为适用。

　　无监督学习：优势在于"分割"。或许我们并不清楚分割的具体方式，但如果有进行分割的需求，监督学习无疑是最适当的选择。

　　强化学习：优势在于"学习行动模式"。产品的某项功能按一定的规则运转，如果希望它执行最适合的行动，则可以尝试强化学习。

　　在监督学习、无监督学习和强化学习中做出选择后，再选择具体方法，对此需要掌握专业知识。我们可以尝试一下最具代表性的做法。

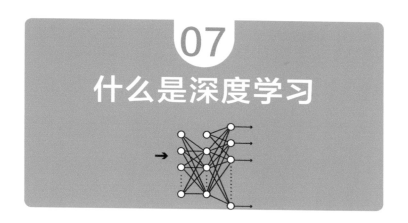

深度学习是机器学习的一种方法

随着 AI 的流行，我们会经常听到"深度学习"一词，这是机器学习的一种具体方法。近些年来，一提起机器学习，人们脑海中就会联想到深度学习，但机器学习并非只有深度学习这一种方法，它还包含着许多方式。不过，与以往的机器学习相比，深度学习在多数情况下能发挥出更强大的性能，因此未来可能会成为主流。深度学习、机器学习、人工智能三个词汇的关系如图 32 示。

图 32　三个词汇的包含关系

　　由于机器学习可分为监督学习、无监督学习和强化学习三类，人们或许会疑惑：深度学习属于其中哪一类？实际上，深度学习是可以适用上述所有分类的一种方法。因此，我们无法断言诸如"深度学习是监督学习中的一种方法"。本书将以人们经常利用的监督学习为假设进行说明。

　　监督学习是"人们预先输入正确的数据，然后计算机自动学习规则或模式的方法"。深度学习中的监督学习是指为了让计算机自动学习规则或模式而采用深度学习的手段。在监督学习的说明中，笔者曾在表中标记了"●"符号，这些操作均可以置换为深度学习。

　　深度学习促进了多个领域性能的飞跃发展，其中之一便是"机器翻译"。机器翻译是指计算机自动将一种语言翻译成另一种语言的技术。具体来说，如果输入计算机一篇日语文章，它能够自动将其转换成英语。尽管在深度学习流行之前，网上就已经出现了在线自动翻译，并能供人们随意使用，但其精准程度难以达到实际应用的水平。深度学习出现之后，机器翻译的性能实现了飞跃性的提升。就像翻译一样，深度学习极其擅长处理"一定规则下几乎只有一个正确答案的课题"。

深度学习会进行多阶段验证

通过人们提供的数据，计算机的深度学习会学习什么，又是如何学习的呢？

深度学习会进行多种类、多阶段的验证，综合之后做出最终判断。例如，计算机如要判断照片上是苹果还是橘子，就会进行"右上的目标似乎是橘色""左下的目标似乎是红色""上面似乎是绿色"等诸多验证。有时，计算机还会在多次验证后，将得到的结果运用于其他验证。例如，在验证"右上的目标似乎是橘色""左下的目标似乎是红色"之后，再去验证"表面有若干斑点"，这种情况就是利用先前验证的结果去验证"表面有若干斑点"。尽管实际操作中很少会进行这种原因明确的验证，但这就是深度学习的大致方法。

如前所述，深度学习汇集多种验证结果，做出综合判断，最后它输出的结果是：判断照片中是苹果的概率为90%。深度学习的重点在于，分阶段进行各种验证，并做出综合判断，计算机由此便可以做出非常复杂的判断。

深度学习起源于感知机

接下来，让我们围绕"深度学习具体在做些什么"来进行说明。

一提到深度学习，人们会觉得这是最近几年才出现的最新方法，但实际早在20世纪50年代，就有人提出了奠定深度学习基础的观点。深度学习的起源被称为"感知机"。

感知机的原理非常简单，即系统接收多个输入，并回复一个输出。输入的是数值，输出的是0或1。系统会合计输入的多个数值，输出时根据合计值确定输出0或1。需要注意的是，输入系统的数值并非不经加工直接输出，如图33所示，过程中会对各输入值进行加权处理。

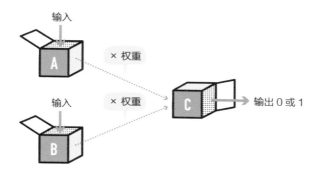

图 33　将 A、B 的输入值分别进行加权后再进行合计，
合计值经 C 判定后输出 0 或 1

　　A 和 B 是输入部分，C 是输出部分。图 33 中输入的是 A、B 两项，但实际可能会出现多项。A 或 B 处输入的值沿箭头方向被送至 C 处，这一过程并非单纯输送，而是根据"权重"的不同，数值会发生变化，这一点非常重要。也就是说，系统将各输入值进行加权后再合计，C 处对该合计值进行判断，并输出 0 或 1。

　　我们可以将权重想象为软管的粗细程度。从 A 处输入的数值，根据软管的粗细程度（权重的大小），会经过改变后再输送至 C 处。B 处也会经历同样的过程。受到 A、B 权重影响而被送至 C 处的输入值，在 C 处经合计后，最后确定输出 0 或 1。若合计值超出了 C 处的预先设定值，则输出 1；否则输出 0。

让我们看一个更为具体的例子。假设从入口 A 和 B 处注入一定量的水，C 的条件为"若达到 300ml，则输出 1；否则输出 0"。这时若从 A 处注入 150mL 水，B 处注入 50mL 水，那么 C 应输出 0 还是 1 呢？

当然，A 和 B 权重不同，输出值也会不同。首先我们考虑 A 的权重为 1，B 的权重为 2 时的情况，如图 34 所示。这种情况下，A 处注入的 150mL 水通过权重为 1 的软管，输送至 C 处的水量与注入量相同。然而 B 处注入的 50mL 水通过的是权重为 2 的软管，因此输送至 C 处的水量就有两个 50mL。如此一来，C 处从 A 处接收到 150mL，从 B 处接收到两个 50mL，即 100mL。最终 C 处共接收了 250mL。在 C 处"若达到 300mL，则输出 1；否则输出 0"的条件下，最终输出的值为 0。

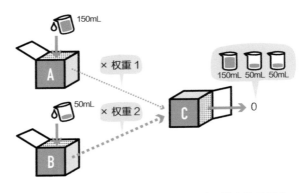

图 34　当 A 权重是 1，B 权重是 2 时，输出结果是 0

再来考虑一下 A 的权重为 2，B 的权重为 1 的情况如图 35 所示。

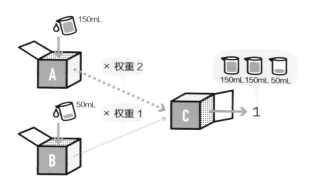

图 35　当 A 权重是 2，B 权重是 1 时，输出结果是 1

这种情况下，从 A 处注入 150mL 水通过权重为 2 的软管，因此输送至 C 处的水量就有两个 150mL。而从 B 处注入的 50mL 水通过权重为 1 的软管，因此输送至 C 处的水量同样还是 50mL。如此一来，C 处从 A 处接收到了两个 150mL，即 300mL，从 B 处接收到了 50mL，C 处最终共接收了 350mL 的水，因此输出的值为 1。

由此可见，即使输入值相同，若权重不同，C 处输出的值亦不相同。权重是一个指标，提示人们"通过权重对相关的输入值进行考量"。图 34 认为 B 处更为重要，而图 35 则认为 A 处更为重要。通过深度学习所要学到的正是软管的粗细（权重）值。

监督学习的情况下，监督数据记录了 A、B 处分别注入的水量及 C 处输出的是 0 还是 1。A 及 B 处注入数据记录的水量时，计算机会调整（学习）软管的粗细（权重），使其能够准确地输出 0 或 1。

感知机的构造非常简单，以至于人们会认为"如此简单的系统能有什么用处"。其实感知机的逻辑，奠定了深度学习的基础，希望读者们能够真正对其有所了解。

改变条件的要素"偏差"

但以上解释还不足以证明"深度学习就是诸多感知机系统的联结"。为了进一步加深读者对深度学习的理解，接下来让我们围绕"偏差"进行说明。

前例中，对 C 处输出值进行判定时设定的条件是"若达到 300mL，则输出 1；否则输出 0"。因此 A 处权重为 1，B 处权重为 2 时，A 处注入 150mL，B 处注入 50mL 的情况下，合计为 250mL，输出值为 0。

如前所述，深度学习学习的即是权重的部分，但读者或许会产生疑问："C 的条件是固定的吗（是否进行了学习）？"

C 的条件中"C 处输出 0 或 1"这部分是固定不变的，但"何时输出 1，何时输出 0"则会根据学习进行调整。如前例所述，作为判定基准的"300mL"会有所调整，于是我们把对应"300 mL"所表现出的部分就称为"偏差"。

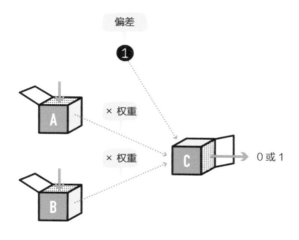

图 36 在图 1 中加入偏差因素

图 36 中，①代表偏差。"偏差"一词在日语中与"倾斜、偏向"意思相同。顾名思义，它会使 C 的条件产生偏差。若用水的示例解释，我们可以把它理解为调整 C 处水量的要素。

引入偏差的情况下，C 的条件是"合计值大于 0，则输出 1；否则输出 0"。这一条件不会因为学习而产生变化。

再举一个具体事例进行说明。

设定偏差值为"−300mL"，即丢弃 300mL 水。此时，从 A 处注入的 150mL 与从 B 处注入的 50mL 会根据各自的权重（分别为 1、2）而变化，即合计至 C 处 250mL。但需根据偏差规定，丢弃 300mL。最终水量变为 −50mL，不到 0，则 C 处输出 0（图 37）。

细心的读者可能会发现，实际上"偏差设为 −300mL，C 处达到 0 则输出 1，否则输出 0"这一条件，与最初 C 处设定的"若达到 300mL，则输出 1；否则输出 0"这一条件是相同的。

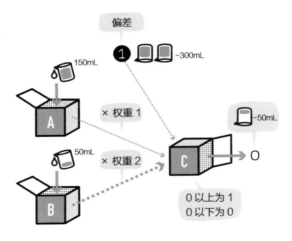

图 37　偏差导致水被输出时，合计值未达到 0，因此输出为 0

尽管两种情况得出的结果相同，但设置偏差更有利于后续操作，因此这种形式更为普遍。并且，偏差值和权重一样，都会在学习中不断调整。

尝试设计多层感知机

感知机的优势在于可以对 A、B、偏差等若干小型结构进行多层叠加。让我们看一下双层叠加的感知机结构。双层叠加的感知机以网状结构连接（图 38），可被称为"双层网络"。

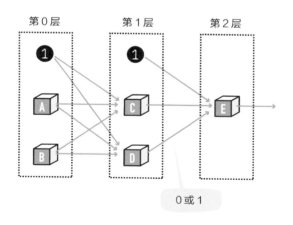

图 38　双层网络（部分文献将该图的第 0 层看作第 1 层，
因此称该图为 3 层网络）

我们根据连接各层之间的横线数，对网络层数进行判断。位于各层最上方的①表示偏差。在这个例子中，A 至 D 两两纵向排列在两层中，但并非每层只限于包含两个。

由表示偏差的①引出的箭头中设定了各偏差值。由 A 至 D 引出的箭头中分别设定了权重。第 0 层的 A、B 为输入项，输入项及偏差之外的要素（C、D、E）则根据设定的不同条件输出 1 或 0。

虽然看起来有些复杂，但若只看第 0 层的 1（偏差）、A、B 和第 1 层的 C，就会发现它与上一张图相同，只是感知机变为了第 2 层，而活动状态是相同的。

当然，还可以继续增加层数（图 39）。

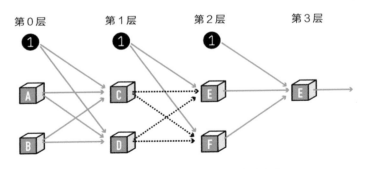

第0层　　　　第1层　　　　第2层　　　　第3层

图 39　追加第 3 层，由此变得相当复杂

图 39 会令人感觉有些不可思议——感知机本应是接收若干输入后，输出一个数值，但是 C 和 D 却各引出了

两个箭头（这些箭头为虚线）。这并非意味着 C（或 D）有若干输出，而且表示 C（或 D）的输出会同时到达 E 和 F。

这看起来越发具有深度学习的特质了，但将此状态称为深度学习还为时尚早，距离揭开深度学习的真面目还差了一点点。

在此，让我们回顾一下对机器学习进行说明的章节。在机器学习（监督学习）部分，我们介绍了通过观察监督数据的正确答案和那个节点模型输出的数值，对参数进行微调的内容。深度学习是机器学习的一个分支，深度学习的权重和偏差即相当于机器学习的参数。

网络使用监督数据来调整权重和偏差值，并通过该过程对监督数据中隐含的模式和规则进行学习。那么，对于应用感知机的网络而言，是否能实现微调呢？

由于 C 和 D 只能输出 1 或 0，只要稍稍调整权重和偏差，输出值就会由 1 变成 0，或由 0 变成 1。也就是说，因为输出值只有两项，所以我们不能进行诸如"稍稍增加这一项的权重""与另一项相比，稍稍减少这一项的权重"之类的微调。那么该如何是好呢？

通过 "激活函数" 可以实现微调

机器学习无法进行"微调"，但"微调"又非常重要，因此这是一个值得重视的问题。在此，我们将输出数值设定为 0 ~ 1 的任意数值。从 A、B 计入偏差值到进入步骤 C 之前为止，不进行任何改变。让我们对步骤 C 的"若输入的数值大于等于 0，则输出 1；若小于 0，则输出 0"这一部分加以改变。这相当于创建一个过滤器，对发送到 C 的数值加以改变。

我们将对 C 的数值加以改变的过滤器称为"激活函数"。虽然名字听起来比较深奥，但概括来讲，就是使输入的数值发生变化。最初设置于 C 步骤的"若输入的数值大于等于 0，则输出 1；若小于 0，则输出 0"这一条件也是一种过滤器，它的意义在于改变 C 的值。也就是说，我们设定了"若输入的数值大于等于 0，则输出 1；若小于 0，则输出 0"这个激活函数。

在此，我们尝试将"若输入的数值大于等于 0，则输出 1；若小于 0，则输出 0"这一激活函数变成另一激活函数，即"根据输入的数值，输出 0 ~ 1 任意的值"。在这之前，无论我们输入什么数值，都只会输出 0 或 1；现在则会输出 0. 001、0. 002、0. 003 等数值，有无数种可能性。不过，由于激活函数种类繁多，我们将结合课题预先设定一个恰当的激活函数。

虽然网络的结构和活动状态相同，但输出值不再是 0 或 1，而变成了 0 ~ 1 的任意数值。这样的网络被称作 "神经网络"。神经网络的第 0 层是 "输入层"，最后一层是 "输出层"，位于输入层和输出层之间的被称为 "隐藏层"，如图 40 所示。

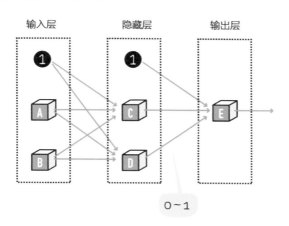

图 40　第 0 层为 "输入层"，最后一层为 "输出层"，除此之外，
位于输入层和输出层之间的层 为 "隐藏层"

深度学习指的是神经网络的逐渐深入。但究竟达到多少层才能将之称为深度学习，目前还没有一个准确的定义。通常来讲，我们将隐藏层为两层及以上的神经网络的学习称为深度学习。

虽然该原理早在 20 世纪 50 年代就已经出现了，但深度学习并未马上得以流行。这主要有两点原因：一是当神经网络层数较多时，当时无法进行精确计算（调整）；二是层数越多，计算量越大，而当时的计算机不具备相应的计算能力。

另外还可以从不同的角度进行分析。要使深度学习的正确率更高，则需要庞大的数据量，但当时并不具备这一条件。随着技术的进步，这些问题都得到了解决，因此在今天，深度学习达到了空前的热度。

输出层不仅限于一个

在此，笔者想为打算认真研究深度学习的读者们补充两点内容。

第一点，本书在谈及输出层时，似乎都集中于单一数值的情况，但实际上，输出层可以有多个数值。在深度学习中，根据要解决的问题，我们会设定神经网络的结构，同时还要设定输出层的数值个数。

例如，在进行手写体文字识别时，若只想判断输入的对象是否是 1，那么将输出层的 s 数值个数设为 1 即可。此时，最终从输出层输出的值就是"输入的手写体文字为 1 的概率"。

如果想判定输入的手写体文字是 0 ~ 9 中的哪一个时，我们需事先将输出层的数值个数设定为 10 个。于是，输出层就输出"输入的手写字体是 0 的概率""输入的手写字体是 1 的概率" "输入的手写字体是 2 的概率"……"输入的手写字体是 9 的概率"，如图 41 所示。

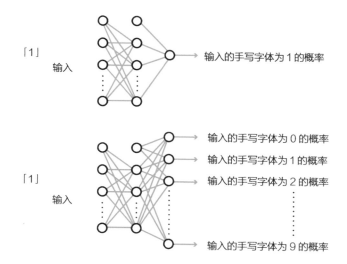

图 41　根据待解决的课题（想要判断输入的手写文字是 0 ~ 9 中的哪一个），事先决定在输出层输出的数值个数（10 个）

另外，神经网络中的权重值和偏差值各不相同，但隐藏层的激活函数通常使用相同的权重值和偏差值，只有输出层设置的激活函数通常不同于其他层。

深度学习的优势

深度学习的优势之一在于解决问题的精确度之高。它并非适用于所有的问题，但在解决某些课题方面，其结果的精确度远远超过以往的机器学习。

深度学习的另一个优势在于：即使人们不给予任何提示，它也能得出高精确度的结果。其实，在以前的机器学习中，人们需要事先告知计算机"应该在学习时注意数据的哪些部分"。由于人们给予计算机的信息提示了数据的特征，因此这些信息被称作"特征量"。

例如，我们通过机器学习制作一个判别器，来判断邮件是否为垃圾邮件。此时不仅要提供数据（垃圾邮件的数据和非垃圾邮件的数据），还要提供这些数据中我们认为特别重要的"特征"，比如：

- 要特别注意标题。
- 不只关注每个字词的表面，还要注意其词性（如名词、动词、形容词等）。
- 不必关注助词。

提供给计算机的"特征量"来源于人们的经验，它是人们所做出的预测。例如，我们希望通过一些数据制作一个模型，由此会对注意事项加以推测。因为是推测，所以难免会出现不顺利的情况。此时，我们就会删除那些"没有必要"的"特征量"并进行重新学习，或是添加其他的"特征量"进行重新学习。再以前例进行说明，如果依据先前提出的特征进行学习的结果不理想，我们就会反思"也许不应注意标题"，于是就会删除这个特征量，重新进行学习。经过一番改进，如果精确度得以提高，就会使我们明白"关注标题"降低了精确度，但无须将这一"特征量"提供给计算机。我们需要对所有使用的"特征量"进行上述操作，反复试错。

而如果在深度学习中制作一个同样的分类器，则无须提供这些"特征量"。

一方面，通过深度学习制成同样的判定器，则无须给定特征值。尽管与传统的机器学习相同，需要确定基础

（模型），但却无须人为设定其基于何种特征进行学习
（图42）。只要确定了模型，其余便可以交给计算机完成。
也就是说，深度学习能够掌握"基于何种特征进行学
习"。不需要经验规律，却能够实现较高的精确度，这给
研究者们带来了极大的震撼。

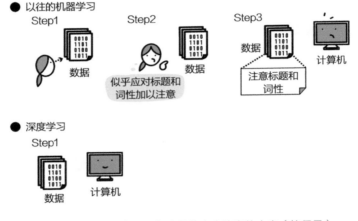

图42　在深度学习中，无须人类给出应注意的内容（特征量）

　　一听到深度学习，人们往往感觉这是一种必须依靠特
殊技能才可以使用的高难度技术，但实际上，相比于深度
学习，其他的机器学习才更需要专业技能。

　　但是，需要注意的是"不必提前赋予特征"并非全都
是有利的。

　　如果"人不赋予特征"，就无从得知深度学习究竟基

于何种特征进行学习，也无法制作出高精确度的预测模型。也就是说，我们无法掌握通过深度学习从数据中提取规则的过程。

在传统的机器学习中，由于人们会提前赋予其特征值，因此可以掌握系统是基于哪个特征值制作出了最佳模型。但是深度学习经过学习到形成结果的过程，却不被人们所掌握。

如果是小型网络，或许通过确认便能知晓，但通常情况下，深度学习的网络复杂且规模宏大，早已超出人们所能理解的范围。因此，通过深度学习进行学习时，经常会出现以下情况：

> ● 人类通过数据认为难以做出判定，机器却能制作出可以适当推测的模型。原因不明。
>
> ● 由于结果不理想，便尝试增加了一个隐藏层，于是精确度得以提高。但原因不明。

人们近年来也正在开展研究，试图打破这种黑箱状态，或许在不久的将来，黑箱的内部状态将会以人类所能理解的形式展现在我们面前。

尽管基于深度学习进行的学习，比传统的机器学习更难以控制，但由于只有较少部分需要基于经验规律，因此，作为一种方法，即使没有使用过机器学习的人也很容易加以运用。

深度学习的难点

曾经有人说，相比于传统的机器学习，深度学习更适合业余人士，但其实深度学习也有难点：与传统的机器学习相比，深度学习需要大量数据。正如前文所述，机器学习这种技术本身需要大量数据，而深度学习需要更大规模的数据。虽然少量数据也可以支撑学习，但性能却不甚理想。当然，并非数据越多性能越好，而是所必需的最低数据量非常庞大。不过，最低数据量到底是多少却很难准确回答，有时需要数万，有时需要更多，这需要根据课题和必要的性能进行数据收集。

为解决现实问题而进行深度学习时，往往需要在如何收集数据方面下功夫。如果已经拥有了大量数据，那可谓是一笔巨大的财富。尽管笔者推荐大家果断尝试深度学习，但多数情况下并不具备足够的数据量。在这种情况下，今后为了更好地运用 AI（尤其是包括深度学习的

AI），能否做好必要的数据收集是一项非常重要的工作。

前面提到深度学习的难点在于需要大量数据，那么，换言之，是否只要具备大量的数据，任何问题都能得到解决呢？其实，深度学习并非万能，对于没有规则性、几乎有无限答案的课题，深度学习并不擅长。 例如自由谈话，指我们在平时不经意间进行的对话。让我们设想一下，由计算机和人类来完成这一人类之间不经意的行为。

当听到人类说"谢谢"时，计算机回应"不客气"即可，但这种落入俗套的会话在人类与人类之间非常少见。如果让100个人就"富士苹果很好吃"这句话做出回应，想必会有100个不同的答案。诸如此类问题，仅凭深度学习很难解决。

当然，自由谈话中也有适用深度学习的示例。总之，希望读者能够认识到 深度学习并非能够解决所有问题。

众多课题中，有的适用深度学习方法，有的则不适用。不仅是深度学习，可以说在运用所有机器学习时，都应首先抓住课题的本质，能够辨明运用何种机器学习方法以及如何使用非常重要。

AI 学习的过程

调整带参数函数的参数部分

前文中，我们围绕机器学习如何从数据中学习规则或模式进行了说明。但这些说明仅限于概要和总体印象，实际上人们更希望了解它们究竟在学习什么。

机器学习中的"学习"实际上是在对带参数函数的参数部分进行调整。在调整参数时，由学习数据决定如何调整。如果是监督学习，则是由监督数据来决定。

这里所说的函数是指当输入某数字时，计算机会经过某种处理后再输出其他数字。例如，设定函数为在输入的数字上加1，则输入1时会输出2，输入2时会输出3，如图43所示。

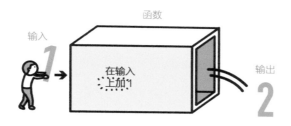

图43 设定函数后，会经过某种处理后再输出其他数字

所谓带参数函数，是指进行处理的一部分处于不确定状态。前述示例的函数进行的处理是"将输入的数字加1"，带参数函数则可能变成"将输入的数字加上某些内容"。这里并不确定要加什么，我们暂且看作是要加某个数字。其中的"某个"即为参数，而带有"某个"的函数即为"带参数函数"（图44）。AI会依据学习数据对这些参数进行学习。

如果一台带有"在输入的数字上加些内容"函数的计算机摆在面前，当我们告知计算机"如果输入1请输出3，如果输入2请输出4"，那么要在输入的数字上加的"内容"即为2。

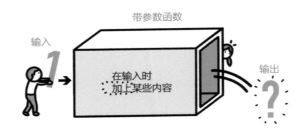

图 44　设定带参数函数后，通过参数影响输出其他数字

　　"输入 1 时请输出 3""输入 2 时请输出 4"即为决定参数调整的因素，这相当于学习数据。在机器学习中，对于带参数函数，**AI** 会在获取的学习数据所具备的对应输入值和输出值的基础上，寻找与"某个（参数）"相匹配的值。

"模型"的具体含义

　　一般情况下，"模型"指带参数的函数。进行机器学习时，首先人为赋予计算机若干带参数的函数。此外，如果是监督学习，还会赋予输入值以及与其对应的正确答案输出值，即教师数据（监督数据）。

　　计算机以该教师数据（监督数据）为基础，对被赋予的函数参数进行调整（学习），以尽量使输入和输出相匹配（图 45）。

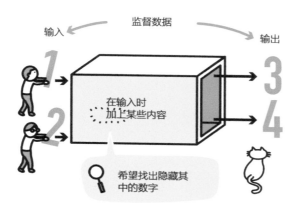

图45 通过给予输入与输出相配套的监督数据，对参数进行调整

我们在此之所以谈及"一般情况"，是因为"模型"一词没有明确定义。需要注意的是，在机器学习中，有些说法会频繁出现，但根据使用场合不同，这些说法的含义会有细微差别。

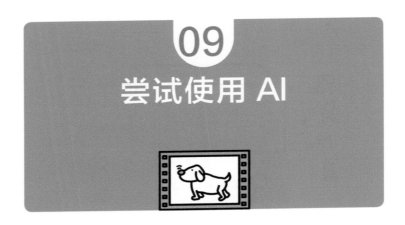

09
尝试使用 AI

使用 AI 时， 重要的事情是什么？

要充分运用 AI，需要何种重要技能？是编程能力还是数学知识？当然，知识多多益善，但要充分运用 AI，至少必须具备以下两种能力：

①把握课题本质的能力。
②制作数据的能力。

所谓把握课题本质的能力，也可称之为能够从 AI 的视角看待课题，即灵活的想象力。能否从 AI 的视角看待课题，是指当遇到具体课题时，能够辨明该课题能否交给 AI 解决，或者辨明该课题能否通过 AI 得到解决。

一般情况下，当人们在实际工作中遇到某些问题，诸如凭借人力需要消耗大量时间，或者工作本身性质繁杂，仅凭人力难以完成时，就会想到利用 AI 加以解决。此时，该项工作的关键问题在于"完成工时过长"。仅从表面上看，我们无法得知如何利用 AI 解决这一问题，此时需要对解决"完成工时过长"这一问题的过程尽量细化，例如：问题具体由哪些环节组成、其中具体问题出现在哪里、哪里可以利用 AI 技术，等等。也就是说，需要以 AI 的视角看待问题。

"制作数据的能力"在利用 AI 的过程中至关重要。这或许有些令人意外，然而它的确属于 AI 的一项重要技能，因为现阶段的 AI 主要是通过机器学习形成的，而机器学习技术需要从数据中提取模型或规则。换句话说，能否开发出高性能的 AI，取决于拥有多少与课题相关联的优质数据。

当然，为了开发高性能的 AI，还可以在研究机器学习的方法上下工夫。我们可以尝试使用最新方法，也可以自己开发一些新的方法。然而摆在我们面前的一个残酷现实是：研究者苦思冥想、以百倍努力换来的好方法也仅仅是精确度 0.1% 的提升。与此相比，数据数量和质量的提升，在 AI 性能的优化上会产生明显效果。

将 AI 用于卡拉 OK 的视频制作

让我们通过具体示例来对如何把握课题本质进行说明。假设某人在卡拉 OK 视频制作公司工作，每天的工作便是结合歌曲中的歌词制作视频。在此不妨想象一下，歌词内容千差万别，画面种类非常丰富，我们的工作是需要考虑哪些画面适合歌词，并且从海量画面中将其选取出来。一天工作下来，临近结束时令人心生倦怠，就会想：歌词和画面多少有些违和也行吧……这份工作的辛苦程度可想而知。

如果想借助 AI 技术，需要做些什么？首先，我们需要确认这项工作是由哪些环节组成的，为此需要对工作环节进行细化。正如前面强调的，引入 AI 技术时，首先需要把握课题的本质。我们需要将自己所做的全部工作一一记录下来，以此弄清工作的流程。这些工作有的是无意识完成的，有的是同时进行的，需要将其作为具体步骤一一显示出来。这至关重要。我们可以将工作流程细分为如下步骤：

> 第 1 步，对歌词进行切分。
>
> 第 2 步，理解切分后的各部分歌词。
>
> 第 3 步，结合歌词内容寻找画面。
>
> 画面种类共有 1000 种，每种都有对应的名字，例如"在海边嬉闹的男女"等。
>
> 第 4 步，按照歌词顺序对画面进行排列。

第 1 步至第 4 步是被细化的具体流程，其体现的整体任务是"依据歌词制作视频"。

接下来，让我们再对每一步的任务进行具体分析。通过分析，我们可以找出哪个部分适合 AI 解决。

第 1 步是歌词切分。即使不利用 AI 技术，也可以通过自动化简单实现此步，人力操作并不会消耗过多时间。因此，此环节不必考虑用 AI 解决。

第 2 步是理解歌词内容。此步似乎只能通过人力完成，让我们暂且越过该步骤，继续看第 3 步。

第 3 步需要结合第 2 步确认的歌词寻找适合的画面，而第 4 步只是将第 3 步中找到的画面依次连接在一起，也能通过自动化简单实现，此环节同样不必使用 **AI**。

再回过头来考虑第 3 步，结合歌词内容寻找画面这一环节在所有环节中最消耗时间，如果我们借助 **AI** 技术，应会产生极大效果。当我们找出该环节时，应结合实际的操作方法、思考方式等加以调整。

具体而言，我们会对歌词进行分类，将其分类为 1000 种画面当中的某一种。例如，对于"分手后独自一人在海边哭泣"这句歌词，将在 1000 种画面中找出"在海边哭泣的女性"与其对应，即将"分手后的我独自在海边哭泣"归类至"在海边哭泣的女性"。如上所述，我们会将所有歌词分别归类至 1000 种画面之下（图 46）。

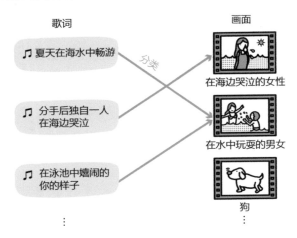

图 46 为歌词寻找适合的画面，相当于将歌词进行分类，
将其归纳到 1000 种画面中的某一种

人类的职责在于对某一具体问题做出"分类"的处理决定。由于 AI 十分擅长进行分类，因此我们至少可以将第 3 步交给 AI 处理。综上所述，人类通过对工作流程的细化及逐个确认，找出其中是否隐藏着"进行分类操作"的部分，并将这部分交由 AI 解决。当然，AI 的能力不仅仅限于分类，但在其众多能力中，分类功能最基本也最具效果。 随着我们对 AI 的不断适应和熟悉，将会发现它除了分类之外更多的特长。

关于第 3 步，为了让 AI 具体解决这一问题，需要准备相关数据。我们希望 AI 将歌词归纳至 1000 种画面之中的某一种，因此就需要准备将各类歌词归纳至画面的数据，即监督数据。如果迄今为止分类工作是由人类完成的，那么人类完成的工作成果便可以作为监督数据使用。如果数据数量足够丰富，那么只需让计算机学习这些数据即可。

在人们以往根据自身经验或某些标准进行的传统工作中，极大可能存在着"分类"操作，这非常适于 AI。AI 不会倦怠，并且能够执行稳定的标准，因此相比于人类，AI 能够实现更高的精确度。人类可以尝试让 AI 参与到传统的工作之中。

对业务和问题进行细化，培养思考的习惯

再来思考另一个课题。假设需要开发一个简易的自动聊天系统，该系统可以完成如下对话。

发话："今天好热啊！"　应答："真是啊！"

发话："我饿了。"　　　应答："吃点儿东西吧。"

发话："我走啦"。　　　应答："走好啊。"

如果计算机给出的应答无法固定，则该课题难以得到解决。但是，如果应答的个数有限，那么换个角度，我们便可以用前面提到的视频制作方法来解决这一课题。应答个数有限，意味着应答种类是固定的，也就是说，无论用户输入什么内容，AI 都会从既定的若干应答中选择一个进行回答。假设系统输出应答时会有"真是啊""吃点儿东西吧""走好啊"三个选择，那么除了"今天好热啊""我饿了"以外，还可以进行如下应答：

> 发话：“我没吃早饭。”
>
> 应答：“吃点儿东西吧。”
>
> 发话：“那片云好奇特啊。”
>
> 应答：“真是啊。”

在此，让我们试着改变一下看待课题的角度。对于发话“今天好热啊”“那片云好奇特啊”所做出的应答是“真是啊”，这说明系统将上述两句发话归类为使用“真是啊”进行应答。同理也可以认为，系统将发话“我饿了”“我没吃早饭”归类为使用“吃点儿东西吧”进行应答。此处仍然运用了“分类”手段，这说明，即使表面看上去和分类毫无关系的“对话”，从本质上说，仍然通过分类得到了解决。

在利用 AI 的过程中非常重要的一点是，不能被课题的表象所迷惑，而应尽量把握其本质。只要能够做到这一点，我们就能判断哪些课题适用于 AI，并能够有效地将其利用起来。

通过上述分析我们了解到，把握课题的本质至关重要。那么，如何才能把握好课题的本质呢？其实，答案已经不言自明，即应培养出对日常工作进行细化的理念，并逐渐养成细化工作的习惯。关于细化，正如我们通过卡拉

OK 视频制作说明的那样，应当尽可能地将工作内容细化到最小单位。通过细化至最小单位，能够较容易地找出分类环节。在简易自动聊天系统的开发过程中，"分类"环节被隐藏在表象之下，只有通过细化才能找到。

数据准备的重要性和难度

对于现阶段的 AI 而言，关键在于数据。即使具备良好的机器学习方法，如果没有数据，也无法开发 AI。那么，如何制作数据？在人们的传统意识中，或许认为数据制作并非难事，然而事实并非如此。

数据准备的难度主要体现在两个方面：

①人工难以收集令人满意的数据。
②难以制作海量数据。

关于①，一般出现在依靠人力收集数据的情况下。当需要人力收集数据时，首先需要制作操作手册，然后由人依照手册指引收集数据。这种方式一般适用于答案一目了然的课题。但是，我们希望借助 AI 解决的课题，多数情况下比较复杂，这样一来，就可能会因为操作者的理解不同而导致收集标准不统一。为了避免出现上述问题，不仅需要制作操作手册对操作者进行指导，还需在操作过程中一边对操作者的理解程度进行确认，一边时常刷新手册。

不过，无论操作手册多么完善，在将其传达给操作者的过程中，受传达方式的影响，仍可能导致数据收集标准出现偏差。操作者的能力会影响对手册的理解，如果手册说明原本就不够清晰，就更会导致操作者产生误解。这就要求我们在此类课题的数据收集过程中必须给予足够的注意，避免人为因素造成标准不一。

关于②，一般出现在要求处理海量数据（数百万至数千万条数据）的情况下。例如，假设需要在3日之内收集1000万条数据，其中包括与运动相关的句子及其他。此时，运用 AI 的关键就在于：能否找到高效收集数据的方法。

如果没有收集海量数据的经验，人们或许认为3日之内难以收集到1000万条数据。但实际上，收集海量数据存在着技巧。以上述目标为例，首先需要找到作为数据基础的大量句子，其中最大的问题是：在收集的句子中，哪些与运动有关？我们不可能依靠人力对全部数据进行一一筛查。

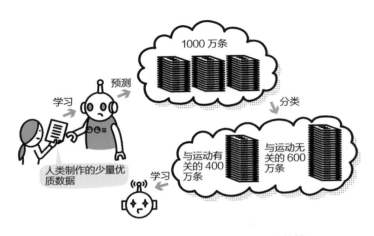

图 47 让计算机学习由人类制作的少量优质数据，
并利用其模型制作大量的监督数据

此时最常使用的方法是：首先依靠人力生成少量优质数据，然后让计算机对此进行学习，并通过模型对海量数据进行分类，如图 47 所示。也就是说，我们需要制作机器学习所需的监督数据。

尽管可以通过学习掌握技巧或方法，但对于制作"令人满意的数据"而言，经验主要取决于"经过实践才能掌握"，因此，关键在于要不惧失败，逐渐培养并提升运用 AI 的能力。

AI与各行各业

喂！喂！

01

AI 将会使工作
发生何种改变？

AI 真的会代替人类进行工作吗？

今天，AI 已经在全世界得到广泛使用，今后还将应用于更多领域。让我们想象一下未来的世界将会发生怎样的变化？人们或许也对此感到不安，由于 AI 的飞速发展，它今后会代替人类进行工作吗？

但是，倘若读者们看过本书前面的内容，并对 AI 的构造有了具体了解，就会发现，AI 有擅长的领域，也有不擅长之处，进而就会理解：AI 不可能替代人类所有的工作岗位。

　　的确，AI 拥有卓越超群的能力，但就现状来看，AI 并不能夺走人类的工作岗位。但是，如果认为 AI 的发展对工作毫无影响，那是错误的。我们的工作形式可能会因为 AI 的引入而发生极大的改变。例如，如果是按照某种规程进行操作的工作，相比于人类的操作，AI 能够更加准确地完成。这样一来，迄今为止由人类进行的此类工作就将被 AI 所替代。那么，这是否意味着与之相关的所有工作都被 AI 替代了呢？事实上，并非如此。例如，将会出现如下需要人类完成的新工作（图48）：

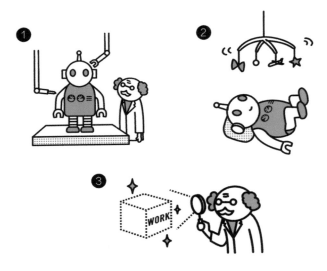

图48　AI 时代可能需要的新工作
①AI 开发　②AI 完善　③对 AI 所做的工作进行最终检查

①对必要的 AI 进行开发。

②对 AI 加以完善。

③对 AI 所做的工作进行最终检查。

下面我们逐个进行分析。

AI 时代的新工作

对必要的 AI 进行开发

或许有人认为，开发 AI 是专家的工作。在促使 AI 进行学习方面的确如此，但实际上，开发实用性 AI 时，需要收集大量数据作为基础，这非常重要。从根本上说，如果没有数据支撑，就无法完成 AI 的开发。

当前，AI 主要依靠数据一较高下，因此，需要结合课题，收集大量优质的数据。为此，人类必须精通相关领域，同时也必须致力于收集大量数据。

例如，若要开发一个能分辨垃圾邮件的 AI，就需要大量普通邮件作为数据。但即使 AI 存储了大量邮件，为了使其做到在如此海量的邮件中鉴别出垃圾邮件，也必须由人类教会其规则。

不过，如果课题是对垃圾邮件进行分辨，则会变得相对简单。因为判断垃圾邮件不必具备专业知识。

那么，如果需要收集大量健康者和非健康者的肺部影像，该如何做呢？众多的肺部影像图片摆在眼前，想要判断哪一张属于健康者，就需要具备专业知识。诸如此类，当人们开发应用于某项课题的 AI 时，在数据准备阶段，需要对该课题具有深入了解。今后，不仅要精通 AI 的开发，还需拥有相关专业知识，以及高效收集与课题相适数据的能力，这些必将变得日益重要。

完善 AI

即便完成了 AI 的开发，我们也并不推荐持续使用数年，甚至数十年。因为几乎不可能一次性开发出完美的 AI。因此，需要对其一边实践应用，一边进行完善。完善 AI 指的是让 AI 进行二次学习。例如，当运用 AI 对垃圾邮件进行分辨时，有时候会出现误判：把普通邮件误认为垃圾邮件，或者与之相反。在实际使用 AI 的过程中，应当检查 AI 所犯的错误，同时对其加以纠正，避免今后再犯。

分辨垃圾邮件这一示例非常简单，似乎不会出现什么问题，但也有不同的情况。有些课题，如同 AI 开发一般，在完善 AI 的过程中，同时需要了解行业相关的专业知识。只有当人类了解了 AI 出现的错误，并且知道如何加以纠正，才能对其进行二次教育（完善）。而且，AI 在进行二次学习的过程中，同样需要数据。今后的关键在于：首先应了解何种数据能够修正错误，然后才能制作出实际使用的数据。

对 AI 所做的工作进行最终检查

尽管 AI 会给出一些答案，但那仅是推测而已。正如笔者在"AI 的弱项"部分提到的那样，AI 本身不能推导出正确答案。以处理垃圾邮件为例，每天需要进行大量判定，因此无法实现人工的最终审核，但倘若是制造数量有限的产品，人类的最终检查将是一项必不可少的重要工作。当然，人类的判断也并非全都正确，也有可能出现不是 AI 误判，而是人类误判的情形。尽管如此，今后我们仍会增加这种模式，即人类予以检查，再做出最终判断。

如前所述，若 AI 用于人类工作，我们的工作形式将发生巨大变化。今后不仅要掌握相关业务知识，还需要了解 AI 的相关知识；同时，还需要培养为 AI 收集数据的能力，这在将来会发挥极大作用。

AI 已经对各个领域产生了巨大影响。本书此部分将围绕在一些相关工作中如何充分利用 AI，以及其对工作产生的影响进行讨论。

02
问询处和客服中心

AI 已经开始应用于问询工作

　　问询处和客服中心的服务主要以对产品以及服务有疑问的客户为对象。为了解答顾客的疑问，工作人员必须掌握与产品及服务相关的大量知识，同时需要良好的理解能力，能够准确地理解客户的疑问是什么。而且，并非仅仅回答问题就万事大吉，根据实际情况还要适当地加入一些相关内容。

　　若是由 AI 来完成问询处和客服中心的工作，则需要其具备与人对话的能力。在介绍 AI 的发展历史时提到的伊莉莎（ELIZA），虽说是能进行对话的计算机，但其程序设定仅能满足"问 A 即答 B"，而并不能胜任问询处和客服中心的工作。

今天，AI 已经能够在一定程度上完成问询处和客服中心的工作。实际上，我们身边已经出现了 AI 问询窗口。读者们浏览主页时，是否会发现有些页面的上角或下角标有"客服咨询"的字样和动画人物？通过这个链接，输入文字，便可以与动画人物聊天。这个动画人物，正是替代人类完成问询工作的 AI。这种可以进行交流的系统被称为聊天机器人，如今已被广泛运用。

AI 的强项——"任务指向型"对话

聊天机器人进行对话的目的大致分为两类。一类是带有某种目的的"任务指向型"对话，例如"我想了解天气""我想知道从体育馆到百货大楼乘坐出租车要花多少钱""我想设置闹钟"等为了实现某个目的而进行的对话。另一类是无目的的"非任务指向型"对话，也就是所谓的"杂谈"。一般而言，在问询处和客服中心，客户往往带着某些需求前来咨询，因此需要 AI 能够进行任务指向型对话。

那么，在两种类型中，AI 擅长的是哪一种呢？

AI 所擅长的是任务指向型对话。AI 擅长从海量数据中整理出规则和模式，任务指向型对话在某种程度上限定了范围，在确定对应答案只有一个的情况下，AI 可以给出高质量的回答。

那么，非任务指向型对话如何呢？对我们平时进行的谈话稍加思考即可知道，对话内容无穷无尽，其回应也是无边无际。针对同一个话题会产生各种各样的回应方式，因此，让 AI 进行类似人与人之间聊天似的对话，实际上非常困难。

客服中心是否会迎来 AI 时代？

虽然与 AI 进行自由对话仍难以实现，但若是为了实现某个目的进行交流，AI 已经能够比较准确地完成任务了。我们可以设想：今后，若能进一步提高具备对话功能的 AI 的精确度，人类问询处和客服中心的工作很可能就会被 AI 所取代。到那时，少数的人类精锐工作人员从旁待命，以满足"执着于接受人工服务"的需求，或者在出现 AI 无法应对的情况时出面解决问题。

在更遥远的未来，或可出现能够准确进行杂谈式交流的 AI。到那时，在问询处和客服中心工作的人类将承担起为 AI 提供最新信息、对 AI 进行安排，以及完善 AI 的工作（图 49）。

对于运营问询处和客服中心的商家而言，充分运用 AI 可以极大地降低成本。因为 AI 的出现使得计算机可以代替人类完成部分工作，还可以削减大笔经费。于顾客而言，优势在于获取信息的可信度。当然，之前人工提供的信息也具有可信度，但如果由 AI 取而代之，就会避免因疏忽而导致错误发生。我们将可以通过与计算机交流而更加轻松地获取信息，这样的时代即将到来。

图 49　人类或许会为客服中心的 AI 提供新信息，或对信息进行调整

03

烹 饪

AI 根据食材信息制作全新食谱

提到烹饪和 AI，人们也许觉得这两者之间没有联系。倘若将 AI 引入餐饮行业，未来会发生什么呢？

人们或许会立刻想到：输入食材信息，AI 即可推荐相关食谱。当然，如果只是检索食谱，还不能称为 AI。AI 不仅可以根据食材检索食谱，还可以做到诸如这些事情：通过用户曾做过的菜和菜谱检索记录，为用户推荐用现有食材可以做出的菜品，且尽量符合用户的口味。

如果 AI 具有这样的功能，随着人们不断使用，它会不断地向用户推荐合乎口味的食谱。这样的 AI 用当前的技术进行开发已不是难事，人们也早已开发出了相似的系统。因为安排每天的菜单是一项艰巨的工作，如果这样的 AI 能够发挥作用，人们的工作也可以变得轻松一些。

不过，只会推荐事先存储的食谱实在没什么乐趣，我们期待能够开发出可以自主设计全新食谱的 AI。具体而言，当我们输入食材信息时，AI 即可以围绕食材提出全新的食谱。为了实现这一目的，需要让 AI 学习与该食材相关的大量食谱，因为机器学习擅长从大量数据中寻找模式和规则，所以 AI 通过学习世界上现有的海量食谱，便可以发现输入的食材和哪些食材经常共同出现，或是与之相反的信息。

非常复杂的食谱内容

是否只要拥有了数据就可以生成新的食谱呢？其实不然。原因之一在于，虽然食谱是以文章的形式所体现的，但是 AI 需要结构性地把握其中包含的信息。换言之，即

使食谱上简单地写着"将 2/3 个土豆去皮后切成不规则形
状"，其中也包含着"给土豆削皮""取 2/3 个切成不规
则形状"等复合性、结构性信息；而且还需要了解什么
是"不规则形状"（图 50）。为了让 AI 学习类似食谱这样
具有特别属性的数据，就需要结合这些数据找到合适的
方法。

图 50　"将 2/3 个土豆去皮后切成不规则形状"
——此类菜谱内容实际上 AI 很难理解

　　如果这一问题得到解决，AI 顺利学会食谱数据的话，
创造新的食谱便成为可能。这是因为食谱也是根据某些规
则而产生的，有时候甚至会出现只有 AI 才能想到的食谱。
人们有时候会抱有"某食材和某食材绝对不能搭配在一
起"的成见，但 AI 却不会，因此它得以摆脱思维定式，
创造出全新的食谱。AI 在通过海量食谱学习食材搭配的
过程中，可能会发现人们意想不到的，但实际上却彼此相

适的食材搭配。其实，人们已经开始围绕能发明食谱的
AI 进行研发。

创造全新食谱的 AI 应该由烹饪专家负责开发？

倘若 AI 具备了学习食谱的能力，想必接下来人们会
令其继续学习诸如营养信息、应时季节等相关知识。如果
连同营养知识一起进行学习，那么其创造的食谱不仅会考
虑到口味，还会注意营养均衡，并且尽可能地使用应季
食材。

然而，由 AI 创造的食谱是否真的美味，还要实际烹
饪并品尝之后才会知道。如果 AI 创造的所有菜品都很美
味，那么烹饪专家的工作也许将会变为开发能够创造美味
食谱的 AI。

另外，人们似乎还致力于开发其他与烹饪相关的 AI，
例如能够通过菜品照片分析出所选用的食材及其烹饪方
法。开发此类 AI，需要将海量的菜品照片、选用的食材、
食谱等组合在一起令其学习。AI 可以从中学会搜索食谱
的模式，例如某种菜品可能会用到哪些食材，以哪种方式
进行烹饪，等等。倘若此类 AI 能够达到实际应用的水平，

那么在不久的将来，只要我们在餐厅里拍下美味菜品的照片，便能够在家中将其成功地做出来。

只要告知想吃的菜品，
AI 便可以提供从食谱到烹饪的一站式服务

正如前面提到的，当前的 AI 已经在很大程度上实现了创造或推测食谱。既然如此，就让我们再来憧憬一下更遥远的未来。AI 能否做到不仅创造食谱，还可以完成实际烹饪的工作呢？其实，人们已经着手开发具备烹饪能力的 AI，只是目前尚未到实用阶段。如果机器人可以和人类进行对话，只要我们说出想吃什么，它便会根据冰箱里的食材创造出新的食谱并进行烹饪——这样的情景或许会在未来得以实现。

倘若有一天，机器人可以自创食谱并进行烹饪——并且这样的情景成为生活中的日常，那么人类是否就无须烹饪了呢？确实，如果将这一工作交由机器人完成，即使我们什么都不用做，也可以品尝到质量稳定、口味鲜美的饭菜。人类的烹饪无法做到机械性的、始终如一的味道。对人类而言，很难保证每次做的菜品都完全一样，可能有时偏甜，有时偏咸。但是，实际上这才正是家庭的味道，永远都不会让人厌倦。如果有一天机器人烹饪的时代真的来临了，就需要人们去加以设置，以便让机器人每天烹饪的菜品多少有些变化，否则，我们迟早会厌倦机器人做出的一成不变的饭菜吧。

04

播音和配音

AI 替代人声有百利而无一害？

播音员和配音员从事着与声音相关的工作。播音员主要播报新闻，配音员则根据剧本进行配音。也就是说，他们从事着把文字变成声音的工作。如果把这个工作交给AI，它会具有哪些优势呢？

对于人类播音员而言，现场直播时有可能会读错，但AI不会。而且，AI的声音不会有瑕疵，也不需要休息，可以始终保持同样的工作质量。

对于配音员而言，从动画制作公司的角度来看，倘若不需要请专业的配音员，便可以降低成本。而且，AI 可以实现瞬时制作声音，因此，即使制作截止日期迫近，也能够快速完成。

在现实生活中，已经出现了把文字转换成声音的 AI，它被称为"声音合成系统"。这种 AI 已经被应用，承担解说工作。

AI 把文字转换成波形（声音）并输出

"声音合成系统"到底属于哪种类型的 AI 呢？简单地说，因为声音可以用波形表示，所以若想把文字转换成声音，只需把文字转换成波形即可。也就是说，声音合成系统的实质是把文字转换成波形的 AI（图 51）。实现这种 AI 的途径多种多样，方法之一是从许多录音中选取出声音片段（极短促的声音），并把这些片段拼接起来。当然，采用这种方法合成的声音听起来会不自然，所以又出现了把声音和文本的信息进行综合处理，并以此为特征对声音进行合成的方法。

"声音合成系统"的相关研究很早就已经开始了，市场上也有很多成熟的产品。虽然这些产品已经很大程度上实现了自然的发音，但与人类的声音相比，多少还存在着违和感。另外，类似动画片或电影配音那样感情色彩浓厚的配音则更难实现。最近，人们开始尝试利用深度学习来研发合成更加自然的声音，也许不久的将来，声音合成系统或可实现像人类一样饱含感情、流畅地发出声音。如果这一天能够来到，我们或许只能在非常优秀的动画或电影作品中，才能听到真人的配音吧。

图 51　将文字变换成波形，输出波形即成为声音

声音识别系统达到实用水平

与将文本转换为声音的系统相反，还有一种 AI 是把声音转换为文本，被称为"声音识别系统"。与将文字转

换为波形的声音合成系统不同，声音识别系统是将波形转换为文字的 AI。当人们输入声音并想实现某种目的时，这种 AI 便可以派上用场。声音识别系统也运用了机器学习，其性能已经达到了可以实际应用的水平。

现在已经可以实现将磁带里的声音自动地誊写下来，记录磁带里的声音原本需要人边听边记，而如今声音认识系统可以自动完成这项工作。当然，考虑到精确度的问题，仍然需要人工进行检查，不过与完全依靠人工从零做起相比，工作效率会有所提高。

不过，声音识别系统很少单独使用，实际操作中与其他功能合并使用的情况更常见。例如，通过与机器翻译组合，可以将汉语翻译成英语。由于机器翻译只具有将汉语文本译成英语文本的功能，因此如果输入的是声音，则另外需要将声音转换为文本的 AI。

在此，如果再搭配上声音合成系统，就可以实现将输入的汉语声音转换为英语声音后再输出。AI 可以通过组合搭配实现各种功能，人类也可以就此展开充分想象，通过组合搭配 AI 去实现更多的目标。

05

保育员和教师

机器人可以代替教师吗？

试想一下，保育员、教师等与教育相关的工作，如果被 AI 取代会如何？具体而言，这里所指的是指面向教育领域开发的机器人。谈到此类机器人，人们脑海中会浮现出两种形式。一种是机器人的组装零件——可以自行组装，通过编程实现运行，即能够帮助人们了解机器人结构的机器人。另外一种则像教师一样，由其自身向人类传授知识。此处提到的代替保育员或教师的 AI 属于后者，我们将围绕其展开论述。

那么，机器人真的能够代替教师吗？现实生活中已经开发了许多用于儿童教育的机器人。例如，对于孩子们提出的"是什么""为什么"等问题，机器人可以做出应答。儿童的好奇心非常旺盛，许多父母都对孩子突然提出的问题不知所措。此外，如果 AI 能够连接网络，就能拥有海量知识，对于孩子们的问题便可以做出应答。换句话说，机器人扮演着百科全书的角色。

可对话 AI 目前尚难实现

但是，以目前的技术水平来看，要实现真正意义上的对话存在着困难。虽然 AI 可以对"富士山的高度是多少米"这种问题做出回应，但仍无法实现在与人不经意的交流中自然地传达与富士山相关的信息。即便如此，由于机器人拥有人类无法掌握的海量数据，因此可以满足孩子们的求知欲。

对于"富士山的高度是多少米"这类的提问，机器人可以做出"3776 米"的回应。在问答背后起到支撑作用的，是其内部安装的、类似于问询处或客服中心的对话系统。从人类的角度来看，机器人属于可见的实际存在，但其实它不过是一个窗口，在其连接网络之后，其具有对话功能的系统就会发挥作用。

前面提到了在问询处和客服中心常见的声音对话，实际上，所谓的对话系统并不是依靠声音，而是以文字回应文字的形式进行交流的系统。提到对话系统，人们通常会认为是依靠声音运作的，但实际上，其本身并不具有输入或输出声音的特质。

依靠声音对话的 AI 是若干个 AI 的组合

那么，该怎样去实现声音对话呢？答案便是：需要若干个 AI 进行组合。声音对话组合系统，首先包括可实现文本对话的系统；其次，还需要将声音转换成文本的声音识别系统，以及将文本转换成声音的声音合成系统。也就是说，具有声音对话功能的机器人，至少需要由上述三个具备专业功能的 AI 支撑才能发挥作用。

可实现声音对话的机器人，其系统构成如图 52 所示。输入的声音，首先会被导入对话系统，也可以由机器人直接导入声音识别系统。重要的是，即使从人类的视角只能看到一个 AI，其实也是由各种承载不同功能的 AI 协力合作而呈现的结果。

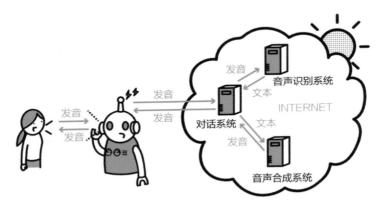

图 52　实现音声对话常见的系统构建

　　再以人类提出"富士山的高度是多少米"这一问题为例，问题将通过机器人传输给对话系统。对话系统判定输入的是声音，于是首先将声音输送到声音识别系统。声音识别系统接收到信息后，对问题做出相应推测，然后将这一文字序列返送回对话系统。接收到信息的对话系统于是对"富士山的高度是多少米"这一问题生成回答。因为生成的回答是文本形式，机器人无法实现用声音回答，因此，对话系统需要再将生成的文字序列输送到声音合成系统，将其转变为声音。该声音通过对话系统被输送给机器人，作为机器人的回答，最终输出机器人的声音。如果只需输入和输出文本，则无须使用声音识别系统和声音合成系统。此外，图 52 中的机器人部分，大家可以将其想象为 AI 发声机，也可以是智能手机，重要的是能够将声音或文本传送至对话系统，与其外在形式没有必然联系。

即将迎来机器人教师的破晓时代

由于当前的对话系统技术有限，机器人现阶段只能回答问题或者进行简单的会话，未来随着对话系统的技术日益发展，AI 终有一天会像人类教师一样开展教育活动，这并不是幻想。如果这个梦想可以实现，今后教师数量会有所增加，如此便可以实现因材施教，每个学生都可以得到细致入微的指导。

但是，教育不仅仅意味着传授知识。人类教师会和学生们一起做游戏，当学生们犯了错误会提出批评，还会抚摸学生们的头，这些肢体接触非常必要。无论 AI 进化到何种程度，人类的温情在与人交往的过程中仍然必不可少，这恐怕是机器人不能取代的。

06

小说作家

无法实现由 0 创造 1

前文曾经提到，AI 很难由 0 创造 1。而小说作家的工作恰恰需要由 0 创造 1。让 AI 写小说，这看起来更像是科幻世界里的桥段。然而实际上，人们已经开始尝试让 AI 进行小说创作了。当然，多数情况下仍需要人类事先将小说的基本框架或是故事情节输入计算机，现阶段尚未实现仅凭 AI 一己之力就完成创作的。并且，AI 完成的作品质量也尚未达到人类创作的水平。

那么，AI 到底能否进行创作呢？的确，AI 无法做到由 0 创造 1，但是，原本人类进行的"创作"到底是什么呢？我们在前面提到，AI 很难做到由 0 创造 1，但值得思考的是，人类进行的创作是否真的属于由 0 创造 1 呢？换句话说，人类对迄今为止的经历和信息不断进行积累，并在创作小说时使用了那些信息。如果真是这样，这个过程就变成了从某些信息中汲取有效部分进行创作，这样一来 AI 也应能够做到。

AI 需要的是海量数据。从这个意义上说，世界上存在着无数的小说，只要让 AI 对其进行学习，便有可能进行创作。不过，小说创作并非易事。

倘若将故事情节和出场人物等信息输入 AI……

AI 创作小说的难点之一在于：小说并非文章的简单罗列。正像我们在烹饪专家的部分说明过的，这和食谱数据学习中的难点类似。小说中包含了许多故事情节，每个故事情节中又包含了若干细节，还有众多的故事人物，并且故事人物彼此之间存在着相互联系。小说创作必须将上述海量信息进行合理的组合，使其前后逻辑相吻合。换句话说，如果创作态度敷衍，就会出现同一个人物，一会儿喜欢甜食，一会儿又不喜欢，故事内容就会前后矛盾。事实上，人类在进行小说创作时，稍不留神也会犯类似的错误。

AI 可以实现自主遣词造句。简单地说，只要输出的内容不违背语法即可。但是，只是输出文章并非小说创作。真正意义上的小说，必须围绕故事情节而展开叙述，但 **AI** 很难达到这个要求，因为我们还不知道该如何将故事情节和出场人物等信息充分地输入 AI。将来，如果人类能够找到解决这一问题的途径，相信 **AI** 通过模仿，也可以掌握故事情节等概念。

现阶段，让 **AI** 创作出和人类所创作的水平相当的小说是很困难的。但是，如果有一天 **AI** 真的成了作家，说不定我们就可以读到超越人类思维、格外异想天开的小说情节。此外，我们还可以通过让 **AI** 学习具有个人偏好的故事，来令其创作出符合此偏好的情节。如果让 AI 学习某位作家所有的文章，AI 或许也可以写出类似于该作家风格的新作品（图 53）。现阶段，就让我们以平常心对待或享受 **AI** 创作的小说的败笔之处，并耐心地等待——有一天，**AI** 终能创作出令人类自愧不如的小说。

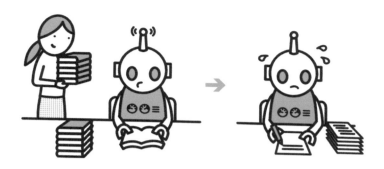

图 53　如果让 AI 学习某位作家所有的文章，
AI 或许可以写出具有那位作家风格的新作品

AI 可以自动完成中割

　　和动画相关联的职业有许多，其中人们最先想起的就是动画师，他们绘制的画作最终将形成动漫作品。动画师又分为不同种类，其中之一是绘制能够组成动漫的画作。这些画作体现了从一个状态到另一个状态的过程，也被称为"中割"创作。最初状态和下一个状态被称为"原画"，中割即为填补在原画间的中间画。

　　究竟能否把中割的创作交给 AI 呢？其实，人们已经在研发能自动完成中割的 AI 了，不过在现阶段，其性能还未达到实际应用的水平。

自动生成的画有可能发生变形，导致画作本身完全失败。

但是 AI 却擅长根据之前的动作对下一个动作进行想象。虽然将中割创作完全交给 AI 尚有难度，但是如果提前设计好中割的重点部分，其他的细节动作便可交给 AI 自动完成，这一点目前已经接近实际应用水平。

具体而言，假设两幅原画间已经画好了 4 个画幅，要将其增至 24 个画幅——只有 4 个画幅，动作则会显得生硬，如果增加到 24 个画幅，动作就会变得十分流畅。中割要求最初存在的 4 个画幅也必须自动完成，这对于创造性提出了较高的要求。创造性的工作对于 AI 而言较难完成，但因为中割处于原画之间可以想象的范围内，所以从长远来看，AI 独自完成中割终将得以实现（图 54）。如果 AI 可以完成中割，那么人类就可以将时间投入到其他的工作中，由此便可促进动画品质的进一步提升。

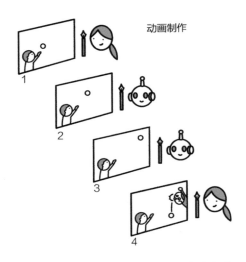

图 54　原画与原画间的画幅由 AI 自动完成

无数个小色点中隐藏的规律

数码画中排列着无数个小点，在给这些小点逐个上色以后，俯瞰时才会意识到画的存在。比如在一幅画作中，海的部分有许多蓝色小点，沙滩的部分则有许多茶色的小点。而在着色之前，只有着无数白色、黑色的小点。 AI 将学习这些小点中隐藏的规律。

人物设计是动画创作中的一环，对于创造性较弱的

AI 来说能否胜任呢？原创人物的设计十分困难，暂且让我们设想一下以既有的作品为前提，改编设计动画人物的情况。尽管这一工作对于现阶段的 AI 而言也颇具难度，但并不是完全做不到。

AI 如果储存了大量数据，就可以从中总结出特点，并加以把握。例如，让 AI 对某位画家的画作进行学习，然后在一定程度上向其提出作画要求，AI 便可以画出和那位画家风格类似的画作，这一点已经得以实现。

如果将该项技术运用于漫画人物的设计，就有可能研发出这样的 AI——令其学习一位原画家的作品，并且在一定程度上告知 AI 你想要得到怎样的人物，AI 就会用接近那位原画家的笔触创造出动画人物。

尽管 AI 并不擅长创造性工作，但仍有可能担当部分创造性的内容。

08

医 生

AI 医生不会误诊

AI 取代医生这种专业性很强的职业，听起来可能难以置信，但实际上，医疗工作与 AI 十分契合，现阶段也已成为引入 AI 技术的领域之一。最近不少新闻报道还称，AI 诊断出了医生没能诊断出的病例。

医生的工作内容很广泛，我们最熟悉的莫过于医生根据病征做出诊断，然后给出治疗方案。医生会根据迄今累积的经验以及自身的知识储备对患者罹患的到底是普通感冒还是危重疾病做出判断。而这一点恰恰正契合 AI 的原理。

在医疗领域使用 AI 的优势不胜枚举，其中之一便是"AI 绝不会误诊"。医生根据检查和问诊的结果为患者做出诊断，但是无论多么谨慎，也有可能对影像、症状的某些部分有所疏忽，从而导致误诊发生。人类无论多么谨小慎微也仍然会犯错误，但是 AI 只要有数据支持，就不可能出现失误，也就是说，一旦有和诊断数据相匹配的症状出现，AI 就绝不会误诊，当然，前提条件是 AI 通过学习能够辨别出各种病症。在医疗领域，这种"零失误"是巨大优势所在。

AI 的另一个优势是不需要长时间思考。当需要在海量数据中寻找某些目标时，倘若是人工，仅在确认数据环节就会十分耗时。对于危重患者来说，不可能要他们等上 10 天才得到治疗方案。另外，因为 AI 处理数据的速度比人类快很多，所以根据海量数据进行诊断时，AI 具有十分明显的优势。

今后 AI 或许不会取代医生的全部工作，但是以下的工作完全可以由 AI 完成，在一些业务上，它们甚至比人类医生做得更好：

- 问诊。
- 根据问诊结果和其他检查结果诊断疾病。
- 根据诊断结果提供治疗方案。

要研发出能够胜任上述所有任务的 AI 比较困难，但是能够分别完成上述任务的 AI 已经问世。

对于问诊，对话技术的研发十分关键，不过，问诊基本上属于任务指向型，与能够进行杂谈的系统相比，具有更高的实现可能性。当然，如果需要进行高级对话，即通过和患者闲聊，从而获知患者的状态，目前仍要依靠人工问诊。

在诊断方面，AI 已经能够完成一部分工作了。有事例表明，AI 根据影像诊断癌症的精准度高于人类。人们把患者的生活习惯、职业等背景因素信息综合起来传输给 AI，然后令其在此基础上做出诊断，这一目标现阶段仍难以实现。不过，当前的技术已经足以开发这样一种 AI：通过传输癌症患者和非癌症患者的肺部影像，让 AI 进行学习后，AI 即可通过影像对患者是否患有癌症做出诊断（图 55）。

图 55　通过使 AI 学习癌症患者和非癌症患者的肺部影像，
来令其通过影像判断是否患上癌症

　　此外，机器学习可以发现人类未能发现的规律或模式。也就是说，在诊断方面，**AI** 通过学习大量的疾病和症状数据，或可发现人类迄今未能发现的疾病与症状间的联系。因为 **AI** 没有惯性思维，所以擅长发现人们不易察觉的东西。或许，将诊断工作全部交给 **AI** 尚需时日，但医生和 **AI** 合作诊断疾病的那一天已经不再遥远。

尊重患者隐私

如前所述，将 AI 技术引入医疗领域看起来优势明显、过程顺利，但是也存在着现实问题：相比技术层面，更多课题与个人信息保护、患者隐私保护等相关。AI 所需要的症状和疾病数据是每一名患者的实际信息。AI 处理信息虽然不会具体到患者个人，但是仍然有许多人不愿将隐私信息输入 AI 系统。为了加快在医疗领域引入 AI 的速度，关键的第一步在于：向大众说明在医疗领域使用 AI 的好处，让大众了解收集疾病数据的重要性。

AI 可以实现经验共享

表面上看，农业和 AI 这两个领域相差甚远，但在农业领域已经开始逐步引入了 AI 技术。事实上，将 AI 引入农业具有极大优势。

其中之一是作业高效化，即将传统人工进行的作业交给 AI 完成。对于一定程度上已经实现机械化的农户而言，AI 或许在高效化方面优势并不突出，但其在作业优质化方面优势明显。这是因为 AI 的作业精度会超过现有的机械。

在农业领域引入 AI 的另一个优势是可以实现无法明

示或难以明示的经验共享。相比于其他行业，农业领域更加注重经验。尽管如此，这些经验与心得往往仅留存在特定作业者的记忆中，无法转换成语言。诸如"照这种天气下去，黄瓜该收了"……尽管没有经过统计和验证，但这些却是从业者总结多年的经验所得出的规律。因为 AI 十分擅长经验性和统计性的工作，所以将这些经验转换至 AI 系统是必然的趋势。

将经验心得转换为 AI 的益处何在？假设一直凭经验种植黄瓜谋生的农户找到了接班人，为了让其继承手艺，于是将黄瓜的种植方法传授给他，但是接班人种出的黄瓜却不如从前。这是因为数十年的种植经验很难传授给别人。于是接班人就需要从零开始，像前辈那样累积经验。如果我们将需要依靠经验或心得完成的工作交给 AI，那么接班人就可以在传承经验的基础上，再积累新的经验。

AI 擅长出货分拣工作

AI 可以被广泛地应用在农业的多个领域。

前文提到，AI 十分擅长进行分类，而农业领域包含着许多需要进行分类的环节，比如农作物需要出货的时候。对种植黄瓜的农户而言，弯度过大的黄瓜不能出货，所以需要对其进行分拣。对于黄瓜能否出货的形态（是否弯度过大）进行判定，可以将其分类为"弯"和"不弯"，这十分适合 AI 操作。

让我们设想 AI 能够判断黄瓜的形态。如果只需判断黄瓜的弯曲程度是否超标，那么可收集大量弯曲程度超过标准的黄瓜照片以及情况相反（弯曲程度达标）的黄瓜照片，让 AI 进行学习。AI 学习上述图像后，就能找出判断黄瓜是否弯曲的规则。

接下来，在 AI 看到录入的黄瓜图像后，便可以弯曲与否为标准对其进行分类。如此一来，借助 AI 判断不仅可以节省人力，还能够依照一定的标准实现持续判断（图 56），因此，人们可以放心地完成出货。

图 56　借助 AI 对黄瓜的形态进行判断，可以节省人力，
且能按照一定的标准持续判断

天气状况与收获时黄瓜形态的关联

与分类问题稍有不同，还可以开发预测收获当日黄瓜形态的 AI 模型。从事农业生产的人们，都希望在情况各异的气象条件下寻找到最佳的收获时机。然而现实情况是，人们大多会根据经验给出判断。假设我们把现有的气象条件与收获黄瓜的形态以数据的形式记录下来，就会得到表 18 中的数据。

表 18　气象条件与收获黄瓜的形态记录表

四天前	三天前	二天前	一天前	收获日	形态
晴	雨	雨	雨	阴	差
阴	晴	晴	晴	阴	好

由此可以看出，即使收获当日的天气情况相同，其之前的天气也会对黄瓜的形态产生影响。利用这个数据，我们就可以将收获前四日的天气信息与黄瓜形态（好或差）联系起来。让 AI 学习收获当日之前四日内的天气与黄瓜形态的相关数据后，可令其预测收获的黄瓜形态（表19）。这样就可以根据预测结果，选择黄瓜形态较好的日

期进行收获。

　　现实是，除了天气情况还需要输入许多信息，更需要思考如何判断黄瓜的形态（以什么为标准进行判断）等问题，因此黄瓜分类的课题并不容易。但是，只要设置传感器收集信息并储存数据，对于 **AI** 来说，这些问题都将迎刃而解。

表 19　AI 预测收获的黄瓜形态

四天前	三天前	二天前	一天前	收获日	形态
雨	晴	晴	雨	阴	（对此进行预测）

日程重在安排

秘书工作的内容繁杂，包括接打电话、文件写作、日程安排，等等。终有一天，AI 将会替代人类完成这些工作（图 57），但就目前的发展现状来看，其中有些工作 AI 还不能胜任。

以接打电话为例，如果对话内容在某种程度上是固定的，那么 AI 也可以完成此项工作。但进行电话沟通时，一般需要根据对方的发话才能确定如何应答，而现阶段的 AI 很难实现自如对话，因此这项工作不得不继续由人类

承担。文件写作也是同理，如果有一定的规则可以遵循，
AI 便可以胜任这项工作。但是，如果只是机械地按照某
种规则书写文件，就与"秘书"一职名不副实了。

　　接下来再看看日程安排。实际上，市面上已经出现了
能够安排日程的 AI。此处所说的日程安排指的是对对方
发来邮件的内容进行确认，然后在现有日程的基础上，对
相关内容进行安排。在此，不仅需要理解对方邮件的内
容，将其安排进日程，最重要的环节还在于"安排"。而
且，在安排日程的过程中需要通过邮件与对方进行沟通，
这就要求 AI 在理解邮件内容、确认日程的基础上，还可
以给对方回信。当 AI 能够胜任这些工作时，才能成为名
副其实的"秘书"。

图 57　AI 进行电话接打、调整日程与对方进行沟通

AI 的强项是对计划进行预测

在此让我们设想一下，AI 代替人类完成秘书工作的优势何在。最突出的优势就是降低成本。一般而言，与消耗巨大的人力成本相比，引入 AI 成本较低。当然，就像前文提到的，秘书工作包罗万象，其中许多工作尚需依靠人力完成。但在不久的将来，我们一定可以将日程安排等工作交给 AI 去完成。

AI 如何完成日程安排？阅读邮件、进行回信等环节与任务指向型对话非常相似，也就是以安排日程为目的进行对话。AI 首先要对邮件本身的内容进行判断，寻找其中是否包含诸如会议等需要安排的事项，如果答案是肯定的，就必须理解如何对日程进行安排。与自由对话相比，这一过程仅限于会议的安排。这看上去相对简单，但与一般的任务指向型对话相比仍然存在难点，主要原因在于：AI 秘书需要对使用者自身已有的日程安排有所了解，并在调整安排后再给客户答复。

AI 善于分类，实际上它还擅长借助积累的数据对事态的发展进行推测，也就是预测未来。例如在确认日程时，如果星期三和星期四都有空，那将会议安排在哪天更好呢？这种情况下，AI 会对迄今为止此人的所有日程加以确认，然后推测出还会安排哪些事项进入日程。由此，AI 可以判断星期三可能会有其他安排，因此选择将会议日程安排在星期四。

当然，对于一些重要会议的日程安排，人类还不放心交给 AI 来进行，现实生活中，人类也不会放任 AI 完成所有工作。例如，人类会授权 AI 完成邮件书写，再在发信之前对其内容进行复核。也就是说，通过 AI 和人类的合作，保证高效完成工作。

难以遵循一般常识进行回应

对于 AI 而言的另一难题是：AI 不具备一般常识。例如，一般情况下会在 11—14 点吃午餐，这一对人类而言理所当然的常识，必须要事先输入 AI 才能让其掌握这一信息。如果我们可以将这些常识罗列成一份清单，自然可以作为基本规则输入给 AI。但是，"常识"不胜枚举；而且，由于这些常识对于人类而言是司空见惯的事情，因此很难将其全部罗列出来。

当然，也可以仅仅将"12—13 点不做日程安排"这样的规则输入给 AI，但若是如此，AI 就变成了不知变通的秘书。例如，想约定在 13 点进行沟通，给对方回信时如果加上一句问候，对由此可能导致对方中午用餐时间紧张而表示歉意——如果不具备人类的常识，恐怕 AI 很难做到。并且，秘书的工作之一是安排日程，但这并不仅是日程的安排，通过日程安排给对方留下良好印象也是至关重要的。如果对方察觉到是 AI 发出的回信，或许心情多少会有些不悦，因此，未来的 AI 秘书可以真正发挥作用的关键之处在于：能够学会在与人类互动时顾及对方的心情。即使 AI 秘书真正地流行起来，也依然还有许多只有人类才能做到和考虑到的事情。

11

翻　译

AI 擅长的领域——翻译

AI 已经大量应用于翻译行业。如果 AI 能够实现像真正的译者那样帮助我们进行翻译，那么语言的隔阂将逐渐消失，世界将会发生翻天覆地的变化。

正如前文所提到的，机器翻译与机器学习，尤其与深度学习紧密相关。问询处和客服中心一节曾提到，虽然 AI 很难实现与人类自由对话，但是翻译在一般情况下可看作是对某些文字相对固定的回答。尽管翻译结果并非绝对唯一，但它毕竟不会像自由对话那样存在着无限回答。

　　而且，对错也非常明确。在自由对话中，判断是非对错很困难，因此该研究领域进展并不乐观。例如，对于人类说出的"昨天我吃了拉面"这句话，如何回应才算正确？没有人能给出明确的答案。但是，如果换成翻译，对于"昨天我吃了拉面"这句话而言，答案（译句）几乎是确定的，于是很容易对答案的对错进行判断，这是因为，翻译是有规则的。AI 非常擅长遵循某种规则进行工作，因而自然能够顺利完成翻译。如今，已经出现了许多实用化的 AI 机器翻译（图 58）。

图 58　AI 已经频繁应用于翻译领域

AI 与声音系统的组合

翻译的形式多种多样。翻译外文图书属于笔译；翻译电影字幕时属于听译；在出国旅行时，人们希望自己说出的汉语能够直接转换为当地语言。形式看似多种多样，本质上都是从一种文字到另一种文字的转换。

我们在前文提到，有一种 AI，能够在文字和声音之间转换，需要说明的是，这与专门进行翻译的 AI 有所不同。如果人们希望自己说出的汉语直接转变为英语，就需要把前文所提及的声音对话系统替换为翻译系统。

在研发利用深度学习进行翻译的计算机系统时，最重要的是对译的数据。如果希望把英语翻译成汉语，则需要英语及相应汉语译文对应体现的海量数据。例如，"I like apples."这句英语对应的汉语译文是"我喜欢苹果。"，由此便形成了翻译的对应数据，我们需要通过深度学习方式来让计算机掌握这些数据。

如果将声音识别系统和声音合成系统与机器翻译相结合，即可研发出语音翻译系统。实际上，这种系统已经在市场上出现了。虽然还未能达到人类译者的水准，但是我们由此可以看到机器翻译的进步，更能感受到在不久的未来，语言不同的人们终将能够自由地进行交流。

译者的工作

翻译不仅限于日常对话，在专业领域也同样需要。以专业论文为例，它与人们日常所写的文章截然不同。如果计算机仅学习了日常生活中的汉语和英语对译数据，那么恐怕难以翻译出这种专业性强的特殊文章。若想翻译专业文章，则必须收集专业领域的特殊对译数据，然后再让计算机学习。正如前面所说的，在机器学习中，根据需要解决的课题收集相应的数据是非常重要的。

最近在机器翻译领域，人们不只追求正确的翻译，还在进一步研究如何能够让译文更具有人类的风格。根据当前的发展趋势，我们不知道机器翻译技术能发展到何种程度，或许有一天，译者的主要工作将变成制作完善的对译数据供 AI 去学习。

12
AI 和人类今后的工作

了解 AI 概况及其优势和短板

看上去似乎与 AI 无关的职业或工作，未来也会或多或少地受到 AI 的影响。对于我们而言重要的是，不要刻意去回避它，而是要学会与 AI 协同合作。

为了顺利地与 AI 合作，首先需要对其更加了解。当然，这并不意味着我们需要学习关于 AI 的数学知识，也不需要进行 AI 的编程，正如本书中第一部分所讲的，我们只需了解 AI 的概况，掌握 AI 的优势和短板就可以了。

如果我们掌握了这些，就能找出必须依靠人类才能完成的工作，从而也就能够更好地实现 AI 和人类各司其职。

当然，现阶段的 AI 无法胜任的，未来或许会变得力所能及。不过，只要人们对 AI 有足够的了解，便可以对未来各种工作的变化趋势进行预测。

对于 AI 而言，"完善"很重要

几乎没有什么工作可以放任 AI 去完成。对 AI 进行开发之后，还需要不断对其进行"完善"。为此，人类不仅需要掌握专业技术知识，还需运用从中获得的良好经验。完善 AI，数据必不可少，而人类为了收集这些数据，更需要对相关业务知识有深入的了解。人类运用自身的业务知识和经验，在了解 AI 的基础上为 AI 准备所需数据——未来最渴求的或许正是这样的人才。